瀬戸内造船業の攻防史

寺岡　寛
Teraoka Hiroshi

信山社
SHINZANSHA

はしがき

日本の造船業は、さまざまな意味で日本経済や日本産業の現在のあり方を象徴している。したがって、日本の造船業が当面している問題とその課題を明らかにすることは、日本産業、それを支える地域産業、関連企業の抱える問題の何たるかを具体的に把握することにつながるのである。

日本の造船所の推移からみれば、海運・造船大国といわれたこともあったが、この二〇年あまりの間に日本各地の造船所数——関連事業所も含め——は減少し、中小造船所のなかには行き詰ったり、あるいは廃業に追い込まれたりするところも増えてきた。代わって、韓国の造船業界が世界市場で手堅い位置を占めるとともに、最近では中国の伸長にも著しいものがある。こうした造船業界にあって、日本の技術水準はいまだ健在であるという意見もあるし、また、その差は年々縮小し、日本の優位性はもはや存在しないという悲観論も聞かれる。

他方、個別企業の経営実態をみれば、大手造船所の企業間提携と再編成が進むなかで、中手造船所では活発な投資を通じて、建造量を伸ばしているところや海外生産を拡大させ国内造船所とのリンケージを強めて生き残ろうとしているところもみられる。また、中小造船所のなかにはユニークな船舶の開発を通じて国内需要の掘り起こしを熱心におこなっているところもある。

しかしながら、総体的かつ時系列的にみれば、日本の造船業は為替の変動に翻弄されながら、世界シェアにおいてじりじりと比重低下を余儀なくされ、もっぱら内航海運業界や近航海運業界へと縮小してきている。

こうした現状にあって、高付加価値船にシフトすればよいという意見もあるが、わたし自身は製造業においてマス——大量生産を必要とするボリュームゾーン——を確保することが研究開発のみならず、製造技術の高度化、技能者の技能向上にとって不可欠ではないかと考えている。

このような見方から、日本の造船企業が世界市場において「ここまでのシェアを維持する」という明確な戦略と覚悟が必要ではないかと思ってきたし、またいまもそのように思っている。ではどうすればよいのか。この問いはわたしの能力の身の丈をはるかに超える。だが、本書を通じてそのヒントがすこしでも見つかればと思っている。

これは造船業自体の技術力や資本力にかかわる課題であるだけではなく、より根本的には日本の造船企業のトップ経営者のマネジメントのあり方にかかわる問題と課題そのものである。本書では、海運や造船関連の統計が整備されるなかにあって、きわめて素朴な方法論かもしれないが、今後の日本造船業の展望について、造船企業の経営トップ層、研究者、造船工学研究者などへのインタビューを行うという、労働集約的なやりかたをとった。若い一時期に、造船業関連の調査を行った経験をもつわたしにとっては、こうした方法論を取るしかなかったともいえる。

結果からいえば、日本造船業の展望について明確かつ楽観的にわたしに語ってくれた人たちは残念ながら必ずしも多くはなかった。だが、それでも海洋にかかわる日本の技術蓄積を利用した、新たな事業を構想している血気盛んな経営者たちもいた。偶然かどうかは別として、そうした経営者はいずれもオーナー企業の人たちであった。これも日本の造船業において、事業多角化を進め、現在もそのような方向——その一つは脱造船業——にある大企業と、造船業一本に生き残りをかけている中手・中堅・中小の造船業の存立基盤のあり方を反映しているともいえる。

日本の造船業は、瀬戸内海沿岸の地域産業でもある。そうした地域では、いまも造船業が大きな位置を占めている。鉄板から大きな船へと組み上げる地域では、「勤勉」、「正直」、「協調」といった労働倫理が健全であり、その土地の健全な企業文化を形成してきた。そうした地域産業の視点から、もう一度、わたしたちは日本の造船業、さらには日本の製造業の今後に思いをはせる必要がある。

当初、『日本の造船業の攻防史』の副題としては「広島県を中心とする瀬戸内地域の産業・企業の物語」を掲げたいと思った。だが、これではあまりにも長すぎる。結局、「瀬戸内造船業の攻防史」に落ち着いた。わたし自身は、単に日本の造船業を、狭い意味での、たとえば、産業組織論的なアプローチだけではなく、より広範囲にわが国造船業の中心あるいは周辺にある地域、産業、企業——経営者なども含め——という多様な視点から、日本の造船業を人びとの営みの地域「物語」としてもう一度とらえてみたかった。

また、「物語」という物言いにこだわったのは、産業論的あるいは経営論的なアプローチによってのみ造船業を分析するだけではなく、経営学からの見方、地域経済論からの見方、工業経済論や工業経営論からの見方、中小企業論という見方、地域経済論や地域社会論からの見方、経済社会学としての見方、さらには起業家論という視点など数多くの視点と視角から造船業を重層的かつ全体的にとらえてみたかったからである。

各章のタイトルがおよそ造船業とは馴染みの薄い印象と歯切れの悪い分析方法の印象を読者に与えるとしても、造船業に関わった人びとのさまざまな営みの諸側面から、攻防「物語」として造船業を考えてみたかったわたしの思いからである。

具体的には、序章の「経営者口伝」では中小造船業のオーナー経営者から中小企業と地域産業との関連などを論じてみた。第一章の「瀬戸内地域」では日本造船業の中心となってきた広島県の地域発展史を振り返った。第二章の「産業発展」では、産業構造の視点から造船業や関連の機械・金属産業の歴史的展開を取り上げた。第三章の「工業経営」では、工業経営の視点から造船業を論じた。第四章の「中小企業」では、序章をさらに拡張させたかたちで、中小企業論や経営学の見方から、中小造船業を論じた。第五章の「地域産業」では、広島県など造船主要産地を産業クラスター論の視点からとらえ直し、わが国造船業の課題を明らかにした。終章の「新造船業」では、わたしなりに日本の造船業の将来像を描き、イノベーションの可能性を論じ、造船業振興策の問題と課題を整理した。

最後に謝辞を述べておきたい。造船関連の統計、資料、文献のコピーなどについては中京大学企業研究所の山本眞理さん、壱岐三知子さんにお世話になった。海運・海事・造船関係のさまざまな資料については、公益財団法人日本海事センターの海事図書館をよく利用させていただいた。また、広島県の造船業の変遷については、ここですべての関係者を挙げることができないほどに多くの方々にそれぞれの立場からお話を伺うことができた。

神戸市、広島県や愛媛県などの大手、中手、中小の造船所の関係者、造船工学の研究者、推進機メーカーの関係者、あるいは船舶部品の関係者、海運関係者、業界団体の関係者、金融機関の担当者、地方自治体の造船分野などの担当者の方々にもお世話になった。改めてお礼を申し上げたい。

また、夏休みなどを利用しては広島県などの造船所へと通い、多くの時間を経営者たちと共有した。造船関連のみなさんには、ご多忙のなか、素人同然のわたしの素朴かつ単純な質問にも、根気強く丁寧に対応していただいた。感謝の言葉もない。

本書は中京大学企業研究所の研究双書の一冊として発刊される。中京大学の関係者には今回もいろいろとご配慮いただいた。また、信山社の渡辺左近氏には出版上の細々したことでお世話になった。感謝申しあげたい。

二〇一二年六月

寺岡　寛

目次

目　次

序章　経営者口伝からの視点

中小企業史研究

「産業」といえば、なにか茫漠とした感じがするが、具体的には同一製品にかかわるさまざまな企業の日々の歩みがそこに反映している。そうした日々の経営に関連する経験則は実にたくさんある。それらは実際に経営に取り組んできた経営者から出た経験則ということであれば、経営者の数だけあるといっても過言ではない。企業経営者へのインタビュー調査を三十年以上重ねてきたわたし自身の経験からすれば、経営者たちの、理屈ではない、実際の経験から紡ぎだされた珠玉のようなことばがたくさんあった。ただ、不思議なもので、それらを文章にして再現してみればきわめて平凡で単純なことばの羅列になってしまう。この意味では、そうした経験則にかかわることばは、経営者自身の人格や生き方から切り離して再現できないのかもしれない。

他方、経営学者などの研究者が、自分たちの研究成果から紡ぎだした経験則的知見もあるだろう。こちらのほうも研究者の数だけ多様・多彩であるかもしれない。

残念ながら、経営者の経験則などは等身大の肉声で後世に伝承されることはそう多くないのである。過日、大阪で二〇〇年以上も続く薬問屋から香料メーカーへと転じた老舗企業の経営者に創業者から伝わっている家訓や口伝的経験則について聞いたことがある。この経営者によれば、文章として残っているものはなく、ただ先代から何代にもわたって伝えられてきた「本業重視」や、同族企業であるかぎり「従業員から信頼される」経営者の心得などは日々の暮らしのなかで伝授されてきたという。そうした断片的な講話を、彼は大きな決断を迫られたときなどにふと思い出すことがあると語っていた。

しかしながら、二〇〇年の時代を超えて現在にまで経営が継承されていることは、それぞれの経営者がその先達たちと全く同じことを単純に繰り返してきたことを決して意味してはいない。それぞれの時期の経営上のかじ取りでそれなりの失敗を重ねてきて、それらの失敗の上にある種の成功があったといえるだろう。この企業は先祖伝来の香料部門を維持するためにも、バイオ創薬などの新規分野へも積極果敢に挑戦している。その際の経営上のノウハウなど細々したことは、実際には経営者自らが失敗を重ねながら工夫するしかない。同じことを繰り返していて企業が存続できるほど、現実のビジネスはそんなに甘いものではないと、その経営者はいう。

それぞれの時期の経営を担った経営者たちには、そうした失敗から導かれた経験則を、鮮明かつ詳細に後世の経営者たちに残したいという気持ちもあったろう。だが、それらはきわめて抽象化され、「おごるな」、「いばるな」という、平易で一般的、かつある種の世俗的な心得としていまに伝わっている。経営者の仕事とは現実の経営であって、経営について書き記すことではないのだ。

他方、書くことを職業とする研究者や作家たちの仕事は書物というかたちで残り、必然、ことばとして後世に伝わる。だが、それらは缶詰にされた果物のように、果物には違いないが、新鮮な生の果物とはまた異なったものなのである。この対比は、経営者の経験則と研究者たちの経験則との対比でもある。

起業家であり経営者であったカナダ人のキングスレイ・ウォードは、『ビジネスマンの父から息子への手紙（邦訳『ビジネスマンの父より息子への三〇通の手紙』）で、大学を卒業して六年間ほど公認会計士として務めたあと、化学分野で起業した自らのビジネス経験を振り返って、大学を卒業して働き始めた息子に自らの経験則を伝えたいと、手紙のなかでつぎのように語りかけている。実に感じのよい文章である。

「自分で書くようになってからわかったことだが、人がこの世を去るときには、その人とともに、経験から学んだ大量の知識がむざむざと闇に吸い込まれてしまう。実業界で陥りやすい落とし穴について書くのには私より適格の人がこれまでにたくさんいたし、今もいるが、残念ながら、ほとんどの人が書いていない。」

現実には、そうした「落とし穴」についての記録以上に、経営者によって書かれ残されていないことは、経営実践の平凡だがきわめて重要な日々の歩みであり、それらが積み重ねられた実務上の珠玉のような経験則ではなかろうか。キングスレイが自ら創業しその事業展開を手掛けた七社の軌跡は、彼の個人経営史であると同時にカナダの化学分野における中小企業史であり、カナダの化学産業史でもある。

多くの国において、一国の中小企業史とは、広義には抽象的で一般的な産業史に包摂される場合が普通であろう。正確にいえば、それは産業史一般に埋没してしまっているといってもよい。しかも、大企業は別として、個々の企業、とりわけ中小企業に焦点が絞られた産業史が仔細に描かれることは、中小企業性業種の色彩がきわめて強い伝統産業分野を除いてそう多いものではない。

だが、一国のビジネス文化の形成(*)を解明するうえで、個別の中小企業史こそがきわめて重要な鍵を握っているのではあるまいか。個々の中小企業の軌跡を掘り起こす作業そのものが、個々の産業史なのである。

＊この点についてはつぎの拙著を参照。寺岡寛『経営学の逆説―経営論とイデオロギー―』税務経理協会（二〇〇八年）。

一国の中小企業の歴史的な展開過程には、その国の経済社会そのものが内包してきた多様性、多岐性、複雑性そして豊饒性が反映されてきたのである。少なくともわたし自身は、日本や米国の中小企業政策史(*)を描きながら、他方で両国の中小企業文化なるものや、個別中小企業の歩みを追っていて、いつもそのようにつよく感じてきた。

＊たとえば、つぎの拙著を参照のこと。寺岡寛『アメリカの中小企業政策』信山社（一九九〇年）、同『アメリカ中小企業論』信山社（一九九四年）、同『日本の中小企業政策』有斐閣（一九九七年）、同『中小企業政策の日本的構図―戦前・戦中・戦後―』有斐閣（二〇〇〇年）、同『中小企業と政策構想―日本の政策論理をめぐって―』信山社（二〇〇一年）。

企業規模に関わりなく企業史とは、経営者たちが、自分たちの国や地域の社会構造と関わりながら保持、開拓、時に変革してきたビジネスのやり方に関する経験則の集大成であり、その歴史でもあるのではないだろうか。しかし、そうした経験則は経営者の引退と世代交代の波間に残念ながら時として跡形もなく消え去ってきた。その意味では、個別の経営者が自ら語る自分史――社史――こそが、わたしたちの中小企業史研究をより豊饒なものにしてくれる可能性がきわめて高い。しかしながら、多くの重要なオリジナル史料なども含んだ個別企業の社史などは、大企業などほんの一部の企業に限られている。中小企業の場合、結局のところ、膝を突き合わせて経営者などに何度にもわたって直接聞くことが重要になるのである。

本書でつよく意識したのはそうした個別経営史への視点である。具体的には、わたしにとってさまざまな理由で取り組むことが比較的容易であった広島県などの造船業の経営者とその周辺者の口伝——オーラルヒストリー——を丹念に掘り起こし、瀬戸内地域の造船業を中心とした産業史を描いてみたかった。とはいえ、実際にやってみてその制約と限界をおおいに感じることになった。

ここで冒頭に述べたビジネス上の経験則なるものに戻っておけば、それらが実際のビジネス上の課題を解決するうえで直接役立つとは必ずしも限らない。なぜなら、経験則といえども、それらは一定の条件下での経験にもとづいて得られたものであるからだ。ただ、個別企業での経験則であっても、結果としてある地域において一定の企業が集積し、そうした企業の集積が一定の産業を集積させてきたことを考えれば、それぞれの産業における共通の経験則もあるに違いない。

企業の集積は、一朝一夕に起こったわけではなく、その地域での中核企業とそこからのスピンオフ者による連続的起業や、中核企業の取引拡大というかたちでの下請・外注企業群の広がり——そうした工場もまた関連企業からのスピンオフである——と密接に関係しながら形成されてきた経緯をもつ。それぞれの地域での企業集積が、産業形成あるいは産地形成——地域的集中立地——という外面性を持つ場合、その内部においては零細企業から中小企業を経て中堅企業や大企業へと成長を遂げた企業群がある半面、零細企業にとどまった企業群、あるいは中小企業へと成長したものの、その後もほとんど同一規模にとどまった企業群、さらには倒産・転廃業となった企業群もある。

現在、そうした経緯を経て形成されてきた地域産業は、関連企業群の集積産地でもある。だが、そうした産地は中国などの世界工場化によるグローバルな産業再編のなかで大きく変容を迫られてきた。それはかつての欧州で産地を形成した企業群のように、産地という地域集積実態が解体・縮小し、世界市場で競争力を保持している専門企業と地域の特定需要に特化した専門企業からなる構造へと変化してきているのである。この流れは産地解体化から個別企業化と言い換えてもよい。そして、日本についても、そのような方向にあるのかどうかが問われている。

このように個別企業化した産地——実際に産地とはいえない——が、あらたな産業を生み出す潜在力と、それを顕在化させる経営資源——いわゆるヒト・モノ・カネなど——をもっているのかどうか。本書で取り上げた造船業についてみれば、造船という完成メーカーが韓国や中国の興隆によって事業縮小をせまられつつ廃業などが進む一方で、推進機や部品などで世界シェアを保持しうる企業は今後も残りうるのかどうか。そうした企業が付加価値の高い造船分野あるいは脱造船分野という方向で産地の整理再編を進展させ、新たな企業集積を生み出す力を果たして持ちうるのかどうか。この点もまたきわめて重要な視点である。

わが国の造船業史をふりかえってみれば、国策的大企業としての歴史を有する大規模造船所を中核に、その周辺に多くの中小造船業が生まれ、幾多の困難のなかで創意工夫などを重ね、現在に至っている。日本の多くの造船産地において、さまざまな規模をもつ造船企業が存立してきたのである。これはわが国造船業界の特徴といってよい。

和船から鋼船への転換という黎明期から数えて一〇〇年以上の歴史をもつわが国造船業において、革新的な取り組みを行った起業家たちや企業家たちがその時期ごとにつねに存在してきた。いまでこそ大企業や中堅企業という範疇の企業であっても、それは自営業的創業から中小企業を経て現在に至っているのである。

そうした企業群の分析にあたって、それら企業の外面史——産業形成史——だけではなく、その内面史

――個々の企業の経営史――にこだわれば、個別企業の栄枯盛衰の歴史そのものを担ってきた経営者やそこに働く人びとの人間群像などに視点が広がっていくことは当然であろう。それを単に起業家精神や起業家的取り組みという通り一遍のことばで済ますわけにはいかない。

だれもが同じ条件を与えられれば、上手く起業でき創業者になれるわけではない。当初の起業に成功しても、その後の事業展開で大きな成長という果実を獲得できるわけでもない。また、かつての成功者と同じような学歴、職歴を経れば、同じような成功を手中にするわけでもない。

後で詳しくふれることになるが、広島県や長崎県の造船業史においても、溶接や製缶加工を十分に身に付けたうえで工員から徒手空拳で創業し事業を成功させた経営者もいれば、後になってみれば必然といえなくもないが、造船や技術とは全く関係なく、思いつきで造船関連加工の分野に飛び込んでユニークな企業を育て上げた経営者もいるのである。

わたしはこうした個別事例を調べるたびに、造船業のみならず、日本の産業史、あるいは中小企業史にしばしば見られてきた、モノトーン的・単一的な企業家類型だけでは決してとらえることのできない、わが国のビジネス文化における複雑性、多様性、さらに豊饒性を見出してきた。経済学者の竹内常善もまた『近代日本における企業家の諸系譜』でこの点にふれ、「この国の中小企業の歴史は内包している多様性と複雑さにあった」と前置きしたうえでつぎのように指摘する。

「わが国の産業構造の底辺を支えてきた人間群像と、彼らによってになわれてきた経営、技術、技能、人間関係、市場問題などの複雑さと多様性、そしてそこに見られる強かさと脆さ、勁さと歪み、成長と混迷、大胆と怯懦、こうした矛盾に満ちた世界は、研究上の方法論的見通しの確立を課題とするわれわれ研究者にとっては、いささか厄介な代物である。」

わたしは竹内のこの見方を強く支持したい。ただ、さまざまな要素が入り組み、ときにぶつかり合うような「矛盾に満ちた世界」はなにも日本の中小企業だけではない。多少ともアジア諸国、米国や欧州諸国で個別の中小企業経営者を対象としたインタビュー調査を行ってきたわたしの経験からして、それが中小企業文化の多様性そのものではないかと思っている。

もっとも、「中小企業文化」といった場合と、中小企業という規模別概念を離れた「企業の文化」といった場合とでは、そのニュアンスはときに大きく異なる。後者の場合、それはコーポレート・カルチャーとも呼ばれて、企業が市場のなかで自社製品のブランド性を高める目的で、自分たちの企業イメージを強く打ち出すためにきわめて意図的・意識的に打ち出してきたコマーシャリズムの別名でもある。経営学においては、それはしばしば企業文化戦略論を生んできた。

他方、前者の場合、すなわち、大企業への対抗概念としての中小企業のもつある種の独自的な文化性——カウンターカルチャー——ということでは、企業形態の一定部分は家族経営——ファミリービジネス——や同族経営という所有と経営が未分離な状態で、その企業の経営者自身に内在する価値観の継承や、その企業が立地する地域の文化が大企業よりははるかに大きな比重を占めるという意味と範囲において、地域性をもつ中小企業文化はやはり存在するといってよい。

それでは、現実に、中小企業に見られる「経営スタイル」、「技術」、「技能」、「企業内外の人間関係」、「ネットワーク」、「市場への対応と開拓」など単一範疇に押しこめることができない複雑で多様なものをどのようにして分析していくべきなのだろうか。竹内のいう「矛盾に満ちた世界」である中小企業への研究上の方法論という点では、統一的分析視点や矛盾の扉を開く鍵概念の想定もまた重要である。

　実際のところ、中小企業家たちは経営上のノウハウをどのように身につけてきたのだろうか。いずれにせよ、どの国においても、そうした過程を「産業集積」や「企業集積」という抽象化された統括概念だけで一括できるはずはなく、そこにこそ中小企業文化の多様性と豊饒性がある。中小企業とはまさに経済社会学[*]や経営社会学[**]が対象とすべき重要な研究領域の一つなのである。

＊「経済社会学」の方法論と分析の具体的事例については、つぎの拙著を参照。寺岡寛『比較経済社会学―フィンランドモデルと日本モデル―』信山社（二〇〇六年）、同『学歴の経済社会学―それでも、若者は出世をめざすべきか―』信山社（二〇〇九年）、同『イノベーションの経済社会学―ソーシャル・イノベーション論―』税務経理協会（二〇一一年）。

＊＊間宏は「経営社会学」の意義について、「企業は、国民社会のサブ・システムとして企業社会を構成し、そこで展開される企業経営は、経済現象であると同時に、社会現象、文化現象でもある。」といい、「社会学的視座からの企業社会の研究」を求めている。この場合、問題となるのは「社会学的視座」の解釈であり、これによって経営社会学にもまたいろいろな研究分野が生じてきたといってよい。詳細は間宏『経営社会学（新版）』有斐閣（一九九七年）。

　個別企業の「地域性」をみると、地域外――移民も含めて――からやってきた企業もあれば、地域内で生まれた企業もある。いうまでもなく、そうした企業には創業者がいて、起業にいたる個人の意思があり、さらにその後に事業継続の意思と仕組み、組織形成があって現在に至っている。とりわけ、その地域が外部者に対して開放性をもつのか、あるいはきわめて閉鎖性のつよい風土をもつのかは大きい。この点は米国の経済地理学者のリチャード・フロリダが『創造的階級の興隆』で論じているが、この視点そのものは決して新しいわけではない。

　すでに述べたように大企業の場合には、そのような歩みは社史に記され、後世の人たちに、すべてではないにせよ、すくなくともその片鱗は伝えられる。だが、多くの中小企業の場合には、経営者の引退などとともに、その歩みは歴史の彼方に置き忘れられていくのが普通である。

すこしでも中小企業の調査に関わった者ならわかるが、とりわけ、初代経営者たちの創業やその後の事業展開に関わるエネルギーに満ちた経験話の豊饒性は、中小企業のもつ多様性、地域性、複雑性と重なり合うのである。そのような個別事例から産業形成史をとらえると、産業史は中小企業史としても豊穣になるにちがいない。

中小企業の経営――日々の企業運営あるいはマネジメント――もさることながら、中小企業経営者たちが展開してきた「技術」、「技能」、「市場開拓」にかかわるさまざまな経験は一筋縄でとらえることのできない複雑性と個別性をもっている。そうした複雑性と個別性がつくりだす豊饒性は、そもそも事業展開のやり方などをビジネス・スクールなどで単一的なビジネスモデルを前提に教えることに強烈な疑義を突き付けてくるのである。パターン認識された経営課題に対して、やはりパターン化されたマネジメント手法を取り込んだケーススタディーで教訓化されたやり方をそのまま応用すれば、それで事が足りるほどに現実のビジネスは甘くないともいえよう。

ここで経営――マネジメント――を多少なりとも単純化させ、その概念を定義づけておくと、それは「経営資源の産入・産出にかかわる行為」の総称である。産入資源、つまり、さまざまな経営資源という資本の投下に対して産出、つまり利益額が大きければ大きいほど、そうした経営スタイルは高い評価をうけることになる。

では、一定のあるいは一定以上の利益さえ生み出していればなんでもありの行為が「ベスト・プラクティース」的な経営であるのだろうか。ここで、経営とは「ある種の条件の下で」行われた意思決定行為であることを強く意識しておく必要がある。経営とはあくまでもそのような社会的行為なのである。それは、近年、企業の社会的責任（CSR, Corporate Social Responsibility）がいわれてきたことを思い起こせば容易に理解できるであろう。

「ある種の条件の下」ということでは、「ある種」とはその時期の社会的価値観や社会的規範――法律も含め――に関連することを意味する。現在であれば、環境への低負荷が大きな条件となっているし、また、ワーク・ライフバランスで強調されているように労働環境の改善もまた現在の大きな条件となっている。あるいは、地元経済への雇用、納税での貢献も、その経営スタイルが地域で受け入れられる条件である。

こうしてみると、経営とは、産入・産出の効率性にかかわる経済的行為の結果であると同時に、その過程がきわめて重視されなければならない社会的行為なのである。産入・産出という結果行為の単一性、たとえば、収益性の高い事業とか低い事業という量的――数的――基準に比べて、その過程は実に多様で多岐にわたり、人間性に富むドラマそのものであるがゆえに、豊饒性に富むものなのである。

行為の「結果」だけにこだわっても、経営スタイルと経営者には当然いくつかの類型があるが、さらに「過程」にこだわれば経営者の数だけ経営論が存在するといっても過言ではない。つぎにこの点にふれておこう。

経営者の諸類型

本書で取り上げた造船業の経営はいかなる特徴をもち、また、それを類型化することは可能だろうか。一般に経営類型ということでは、資本の運動法則の実行に関わる行為のあり方がその内実となる。もっとも、経営の実行者としての意思決定や経営のより現実的なスタイルということでは、経営者の内的精神や行動規範がそこに反映される。

経営者の諸類型としては、それは事業展開——資本の運動形態——の行動様式と経営者の社会的出自によるマトリックスで形式的にはいくつかの型認識が可能である。この種のマトリックスを想定するうえで、重要な一つめの軸は資本類型である。たとえば、つぎのように整理できよう。

商業資本——商業資本的行動——運動形態——は「貨幣→商品→貨幣」の過程の広域化と短縮化による利潤拡大機会の確保にある。つまり、売るために買うのである。

産業資本——商業資本的行動と異なるのは、そこに商品の生産過程が介在することである。すなわち、その特徴は「貨幣→生産→商品→貨幣」のなかの生産過程である。また、商業資本との関係で、さらに重要であるのは「商品→貨幣」への転化の時間の長さである。

混合資本——すべてが右記の二類型に収束するはずはない。一部の商品について商業資本から産業資本的行動をとる場合もあれば、逆に産業資本が一部の商品について直接生産ではなく仕入れに頼るなど商業資本的行動もある。

金融資本——自らは商業資本的行動や産業資本的行動をとらず、もっぱらそうした両資本への投資——貸し付けを含む——を行う(*)。

*経済学者の渡辺尚は「資本循環と資本類型—経済政策類型論の構築のために—」(京都大学『経済論叢』第一五七巻第一号、一九九六年一月所収)で、こうした資本類型を「貨幣資本」、「生産資本」、「商品資本」という三類型からとらえる。経営

者はそれぞれの資本的優位性を背景にした経営行動をとるのである。具体的には、つぎのようになる。貨幣資本—「投資優位」の形態である。象徴的には「投資人」的経営行動。生産資本—「生産優位」の形態である。象徴的には「工場人」的経営行動。商品資本—「販売優位」の形態である。象徴的には「市場人」的経営行動。こうした三つの資本類型はそれぞれの国民経済の発展段階で変化していく。

一つめの軸の資本類型からすれば、造船業の経営者は二番目の産業資本家という範疇に属する。だが、船舶建造という業界は、内航船舶は別として、外国船主から発注をうける近航船舶や外航船舶についてはドル建て契約が主流であり、円・ドル為替の変動を受ける。また、建造期間が長いため鉄鋼価格など原材料費の変動によって収益が大きく左右される。と同時に、船舶需要そのものが、エネルギー価格の変動に翻弄されるのである。この意味では、造船業の経営者は建造価格の「相場」に対してきわめて敏感でなければならず、商業資本家的かつ金融資本家的資質もまた要求されてきたといってよい。

次に、二つめの軸としては、社会的出自の態様があげられる。人には持って生まれた才能や才覚があるが、人はそのおかれた社会環境、たとえば、家庭、学校などによって大きく影響を受けて行動を支える内的精神が形成される。経営者は確かに外面的には先にみたさまざまな資本形態の具現者であるが、そこには経営者の内的精神が関与するのである。イノベーションに関わらせて企業家を論じたヨゼフ・シュンペーター（一八八三〜一九五〇）は、『国家学辞典』に寄稿した「企業家」で、企業家についてそのような社会的意識と内的精神との関係を強調している（清成忠男編訳『企業家とは何か』所収）。

シュンペーターが大きな関心を寄せるのは、企業家の社会的出自だけではなく、市場経済においてイノベーションを進める機能を果たす存在としての企業家の意識構造である。企業家とは、「我々を取り巻く周囲の環境は、慣れない状況に抵抗する。慣れたことが毎年くり返されるうちは、人々は自動的に、しかも通常は喜んで協力してくれる。新しい方法には労働者が反発し、新しい製品には消費者が気乗り薄で、新しい経営形態には世論・官庁・法律・信用供与等が抵抗をしめす」なかで、「新しい生産物または生産物の新しい品質の創出と実現」、「新しい生産方法の導入」、「工業の新しい組織の創出」、「新しい販売市場の開拓」、「新しい買い付け先の開拓」の面において、「リーダーシップ」を存分に発揮できる人たちなのである。

「経済経験の蓄積を新しくつくり替えるため、こうした個人による経済的リーダーシップ」を発揮できる人たちこそが、シュンペーターにとってはまさに「企業家」であった。そうした企業家がどのような社会階層あるいは社会階級から生み出されてくるのかについては、シュンペーターは明言していない。ただし、シュンペーターは「結局のところ、創業者のタイプということになる。新しい可能性を見出す上では制約を受けており、個々の経営との継続的な関係をもっていない社会的故郷喪失者が、最もこのタイプに適している」と指摘する。

この「社会的故郷喪失者」が一体何を意味するのか。それはオーストリアから米国へと移住せざるをなかったシュンペーター自身のことなのか。それとも欧州社会という身分制社会から飛び出し、そうした封建的遺制を持たない米国のような社会で活躍する人びとを指すのか。残念ながら、シュンペーターは明示的に述べていない。だが、伝統的な社会、伝統的な価値観から離れた、あるいは離れることを余儀なくされた社会階層であると解釈すれば、従来のさまざまなしがらみから自由な社会階層、とりわけ、上位の社会階層ではなく、下位の社会階層にその大きな潜在性を見出すことも可能である。

そうであれば、問題は、彼らが革新的なアイデア等をもっていても、それを実現させるに足りる技術力や資本力に欠けることである。必然、この場合、彼らあるいは彼女らは比較的参入障壁の少ない商業資本的行動から始め、やがてその資本蓄積に沿って産業資本、混合資本、さらには金融資本的な行動をとる。これはまさしくわが国の地方産業の形成過程における地方企業家たちの行動パターンであった。ただし、彼らは江戸期的な身分制度である士農工商では下位的社会層に属してはいたが、すでに商業資本的行動によって大きな資本蓄積をもっていた。他方、旧武士階級には産業資本的行動をとった企業家たちも多かった。その場合は政府需要——政府調達——との関係を見ておく必要がある。

さて、明治以降のわが国の地域経済発展の担い手層と行動類型との関係はどうであったろうか。こうしたマトリックスの中心をなしたのは組織ではなく——旧藩主による旧藩士救済の事業開発組織もあったが——、むしろ基本的には個人であった。地主層、庄屋層、問屋、醸造業などの製造者は、それぞれの地域経済の実情に応じて、前述の四つの資本類型的経営行動をとった。そのなかには徒手空拳から起業しパイオニア的事業家へと転じたケースもみられた。

そのようなわが国の経営者たちの出自と、その後の資本類型との関係はどのようなものであったろうか。明治以前のわが国の「身分別」——いわゆる士農工商——社会構成ではほとんどが農民層であり、武士、商人、職人層は相対的に低い割合を占めていたが、その後の経営者層の社会的出自と以前の身分層との関係については、その地域の単なる士農工商の比重だけではなく、農村社会を取り巻く自然環境や社会関係のあり方、さらには産業発達のあり方によって、経営者の身分的な出自の比重も異なっていた。

ところで、ここで経営者層といってきたが、起業家たちによって新たな事業への取り組みが行われ、起業から企業へと継承されることによって、経営のかじ取りをする社会階層が必要となるわけであって、はじめから経営者層が広範に存在したわけではなかった。この意味では、起業家がどのような社会階層から多く生まれるのかも確認をしておくべき重要な点である。

ここで起業家（アントレプレヌール）(*)についてふれておくと、先にみたシュンペーター等の定義は別として、前述のキングスレイは『ビジネスマンの父より息子への三〇通の手紙』でつぎのように述べる。

「企業家は偉大な想像力の持ち主である。……その考え方は独創的で、同じことをするにしても、常に新しい方法を求める。実業界の標準的な経路を避けようとする生来の性向が、その成功の主因である。……この世界には、優れたアイデアをもっている人が驚くほど多数いるが、それを商品化する方法を心得ている人はごく少数である。企業家にとって、それは生まれつきの能力である。……企業家は危険を避けようとしない。企業家は、興奮、緊張、賭け、戦いを糧として生き、このすべてを克服したときに、五分間勝利を味わうと、すぐにつぎの『有望な仕事』に向って突進する。」

＊アントレプレヌール（Entrepreneur）――この言葉をどのように訳すのか。元来、この言葉は「企てる」というフランス語からきている。このアントレプレヌールを扱った著作は、この言葉を時に全く新しい事業を徒手空拳から行う人たち＝「起業家」であり、ときに既存事業を抱えつつそれとはまったく異なったリスクの高い新規事業を行う人たち＝「企業家」という意味で使っている（ここでは、特に前者の意味で使っている）。原語では、すべてアントレプレヌールで済ましても、わたしたちの言語感覚では、この二つの言葉に置き換えている。だが、企業家は起業家をも含む広義の概念では、企業家と言い換えてもよい。したがって、アントレプレヌール（Entrepreneurship）もまた企業家精神とも起業家精神とも訳してよいが、広義には企業家精神としておくことも可能であろう。

キングスレイの指摘する、企業家の「危険を避けようとしない」精神は、シュンペーターのいう普通の人々が抵抗を示しがちな新しいこと――イノベーション――に果敢に挑戦する企業家の精神とも共通する。

さらに、キングスレイは「成功する企業家」と「成功する実業家」の違いをきわめて微妙な差であるとみる。「両者はもちろん同じようなものだが、企業家の性格には、激しさ、冒険心、大胆さが目立ち、従来の経営方法にあまり固執しない。しかし両者とも、買い手の求めるものと、市場の傾向を知らなければならない。常に市場との接触を保ち、それを正確に査定することが、勝利をもたらす」と指摘する。また、企業家の性格について、キングスレイは「失敗についての忘れっぽさと、飽くことを知らない新しい冒険への欲求を天から授かっている。……平均的な人は成功者ではない……自分の一生にかかわる問題を、大多数の考えに委ねるべきだろうか」とも述べている。

すなわち、キングスレイは自らの起業体験を内的に振り返って、「成功する」企（起）業家に共通する性格について、新しいことへの飽くなき興味（＝独創性）やリスクを取る精神（＝リスクテーキング）などを挙げている。シュンペーターとキングスレイの著作の間には半世紀以上の時間的経過が横たわるが、共に、企業家、とりわけ、起業家に共通する特徴とは新しいことへの本能的ともいえるような拘りであるという。これは、シュンペーターとキングスレイとの間に存在する時代を超えたきわめて普遍的なものともいえよう。

ただし、シュンペーターは起業家だけにこだわらなかった。それは大企業のような既存組織であろうと、経営者が新しいものに果敢に挑戦することでイノベーションの推進者となれることに大きな期待を寄せていたからである。この点、キングスレイは起業家らしく、中小企業経営者や創業者に強いこだわりをみせている。

企（起）業家にみられる新しいことへの挑戦や、それにかかわるリスクを享受しようという精神については、現代の日本の経営学者もまたシュンペーターやキングスレイと同じようにこだわりをみせているように思える。たとえば、経営学者の角田隆太郎は「起業家とベンチャー企業」でさまざまなベンチャー企業の創業者の属性などを分析して、「独創性」と「リスクテーキング」を強調している（金井一頼・角田隆太郎編『ベンチャー企業経営論』所収）。

特に起業家ということであれば、最初から大規模組織などを一挙に作り上げることは稀有であり、ガレージ創業——日本でいえば、土間創業ということになろうか——から商店の一角を間借りしたようなかたちでの創業までを含めて、ほとんどの中小企業の創業者は最初の段階において自営業者の範疇に入る。もっとも、自営業者といえども、そこにはさまざまな経営意識がある。

自営業——生業——ということでは、当初からさほど成長性や新規性を意識しない人たちもいれば、自らの事業を短期間で大きく成長させたいと積極果敢にリスクをとる人たちも一定数いるのである。もちろん、前者のような生業的な自営業についても、現実にはそれなりのリスクがある。自営業はいずれにせよ、その商品やサービスが市場で受け入れられなければ、存続が危うくなるなどリスクを伴う行為なのである。

多くの研究者は、キングスレイが「成功する」企業家と「成功しない」企業家を峻別して、もっぱら前者を評価したように、自営業者（＝起業家）という図式のなかでその経営類型を描きつつ、そこに成長性の高い、あるいは新規性の高い分野での創業などを想定し、その諸要因をさぐっている。

「成功する企業家たち」と「成功しない企業家たち」はいずれも、そのほとんどが自営業の形態で起業し、市場競争の中で消滅——倒産・転廃業——する層、停滞・衰退する層、そして上向移動する層とに分離していくのである。この点に関して、韓国人社会学者の鄭賢淑は『日本の自営業層—階層的独自性の形成と変容—』で、三層のなかで変動しつつ成長し上向移動を遂げた電機産業分野での事例を取り上げて日本の自営業層の歴史と現状について分析している。

鄭自身はそうした事例から明示的に成功要因をステレオタイプ的に導き出すのにきわめて禁欲的であるが、彼女の示唆する成功要因をわたしなりに整理すると、（一）独自の技術力、（二）独自の経営戦略、（三）ネットワークの活用――友人・知人などの協力――、の積極的な組み合わせであると想定しているように思われる。

鄭の指摘する「独自性」などはキングスレイや角田等が強調する点とも共通する。独自の技術が潜在的成長市場をうまくとらえた場合に、自営業の成長が可能なのである。また、鄭自身は三つの成功要因の軽重について言及していていないが、わたし自身の長年の調査経験からすれば、とりわけ、創業当初の不安定な時期をやり過ごすには、ネットワークの活用が大きな鍵を握っていると考える。

こうしてみると、日本の近代産業形成の黎明期であった明治期までさかのぼって、日本の経営者類型を追い求めなくても、企業の新陳代謝を促す市場機構のなかではつねに経営者類型の系統的発生が繰り返されてきた。だが、商品やサービスにプロダクトサイクルがあるように、一定の経営者類型の示唆する経営スタイルがいつの時代においてもつねに有効であり続けるとは限らない。

「独自性」がそれまでの支配的なことへのある種の「断絶性」であるとすれば、それはシュンペーター等のいう「創造的破壊」の近似概念でもある。ただし、そうした創造的破壊なるものを明治初期や第二次大戦後の混乱期などにさかのぼって、たとえば、従来の法律や政策など制度の廃止、経営者の公職追放といった強制的排除、過度経済力集中排除法などによる企業の分割など、市場機構の外から行われてきたことのみに求めることは必ずしも正しいとはいえない。創造的破壊が、あくまでも市場競争の下で促進される経済行為であるとすれば、それはどのような環境といかなる競争条件の下で起こりうるものだろうか。独自性のみが成功要因とすれば、どのような資本類型的経営行動やどのような社会的階層が大きな役割を果たすのか。この点にこそ注目しておく必要がある。

地域産業の形成

先に取り上げた経営者類型論を地域産業に適用すれば、歴史的伝統をもつ地域産業についても、従来型産業の単なる継承だけではなく、革新的な取り組みが付与されてはじめて、そうした産業を維持・発展させることが可能であったはずである。他方、わが国において明治以後に起こった近代産業にも、それまでの伝統的産業で培われた技術や技能と全く隔絶されたかたちで導入され発展してきたとは考えにくい。広島県などの造船業においても、和船——木造船——建造の長い歴史を有し、その後、小型鋼船、さらには大型鋼船へと転換していっている地域と、海軍工廠などとの関連から当初から鋼船建造へと進出した地域がある。そして、後者の地域も、船大工の伝統をもつ地域からの人材供給がその発展の基礎にあった。

こうした点で、ある地域において主軸をしめた産業で形成された「技術」、「技能」、「経営ノウハウ」、さらには「人的ネットワーク」などがその後の地域産業の発展のなかで、どのような社会層によってどのように継承されていったのかは、わたしたちの興味を引く。

また、新たな技術や技能の導入とそれらに基づく製品の市場が同時並行的に絡み合って発展することは、一部の地域において可能であっても、多くの地域においてはアンバランスであり、このアンバランスが新たな地方産業を発展させる契機ともなる。本書でとりあげた造船業においても、明治期になって、近代化を象徴した鋼船が直ちにそれまでの木造和船を駆逐したわけではなく、広島県の島嶼部や愛媛県といった江戸期からの地方和船産地を存続させ、そうした産地がまたその後鋼船へと移行していくことになる。

それまでの和船に比べてはるかに喫水の深い鋼船が入港できる港湾の整備がなければ、鋼船の普及は一挙に進むわけもなく、事実、従来の和船と鋼船がわが国では並行して海上運輸を支えていた。近代造船業と地方の多くの在来造船業がそれぞれに存立分野をもったのである。

その後、とりわけ、近代工業を支えるエネルギー源としての石炭利用の拡大が、積載量がより大きい、高速の船舶の登場を促したが、これも一朝一夕で可能であるはずはない。本格的な自動車産業が発達する以前に日本の道路事情などに適応した三輪車が発達したように、鋼船と和船の中間形態のような機帆船がわが国の内航海運市場で普及した。従前の技術・技能体系の上により簡便な小型船用機関——いわゆる焼玉機関など——が利用され、新たな市場の拡大がそれまでの和船産地を温存させることになる。そうした機帆船普及の背景には、鋼船に比べて和船が価格面で優位にあり、いわゆる一杯船主でも購入可能であったことがあった。

そうした一杯船主は、広島県、愛媛県、山口県、香川県などの瀬戸内海沿岸の島嶼部に多かった。近代的な港湾設備がなくとも入出港が可能であったため、和船は地場産品などの輸送にも大きな役割を果たした。機帆船の船主やそれに関連する小さな回漕店——現在は回漕業務を廃業して宅配便などの取扱店をやっていても、地域の古老はそうした取次店を「回漕店」と呼んでいることが多い——が島嶼部に点在していた。広島県でいえば呉市の大崎上島、倉橋島などがその例である。いずれも広島県の造船業を代表してきた地域である。

ところで、こうした民間需要の発生だけではなく、国家予算の配分などその地域の政治的な位置づけ、政府の地域政策としての空間配置政策――たとえば、官営工場の立地・再立地政策、教育機関の配置政策、金融機関などの地域別許可政策、鉄道・港湾・道路などの社会的資本整備政策など――の影響も、地域産業の発展の経緯を見ておく上で重要な視点である。

本書でもっぱら取り上げた広島県の場合、明治・大正期の産業形成において、個別経営者の果たした役割もさることながら、政府の地域政策の影響は大きかった。広島財界史研究者の田辺良平の『広島を元気にした男たち―明治・大正期の財界人群像―』に序文を寄せた経済学者の高橋衛は、「広島というところは、明治維新の変革への参画に、今一歩のところで、決定的な遅れをとった。ために全国レベルで雄飛した財界人は多くを数えない」と述べている。要するに、先にふれた国家予算配分等の点において、広島がその優先性を政治的に確保できなかったというのである。

いうまでもなく、東京を最重要視した明治政府の優先政策は、広島のみならず、江戸期において長く経済の中心地であった大阪や、また、明治維新に敵対した諸藩地域にも政治的影響を与えた。必然、そのような地域においては、政府主導ではなくむしろ民間主導の経済発展が強く意識され、旧藩主などの支配層に直接つながる社会層とは別に、民間――平民層――からも地域産業の発展に尽くす人材が出てくることになる。

田辺は、明治二二［一八八九］年に広島市が誕生した際に広島市議会の議員として選出され、その後の広島経済の発展に直接的あるいは間接的に貢献した議員たちの社会的出自を取り上げている。田辺は、このなかには後の「広島財界で活躍する錚々たるメンバーも名を連ねていた」と指摘する。

当時の議員資格では、「第一級」が地租の納入者、「第二級」が直接国税で二円以上の納税者、「第三級」

が両方を収めている者であり、これらの人たちが選挙権と被選挙権をもっていた。最初に議員に選出された者の構成をみると、第一級、第二級、第三級でそれぞれ一二人の計三六人であり、その内訳は「士族」八人、「医師」二人、「町人」一七人、「農民」四人、「不詳」五人であった。

田辺は広島財界人の社会的出自について、「広島財界で活躍した大方が平民で、士族の出身は長沼鷺蔵ほかほんの数人しか見当たらない」と指摘する。ちなみに、田辺がとりあげた明治・大正期の広島財界人二〇人の内訳は、「士族」四人、「神官」二人、「町人」九人――ただし、うち三人は醸造業や塩業――、「農民――ただし、庄屋――」三人、「不詳」二人となっており、先の広島市議会議員の構成比ともかなり類似している。

田辺は、彼らが自分たちの個人事業という枠を超えて、さまざまな産業の形成、産業を支えるべき金融機関の設立、商品や株式の取引所の設立、さらには鉄道・港湾・電力など社会資本の整備に果たした公的役割を積極的に評価する。たとえば、「広島の渋沢栄一」といわれた海塚新八（一八四七～一九一三）や保田八十吉（一八四三～一九一九）などは多くの新規企業の設立に関わっていた。

さらに、海塚新八や保田八十吉に連なる人たちがそのネットワークに加わり、きわめて少数のインナーサークルによって、広島の近代産業の形成が促されていった点にわたしたちは着目しておく必要がある。既述のように、彼らは自ら個別企業の設立などに参画しただけではなく、いわゆる地域の産業インフラ――鉄道、港湾、道路、上下水道、橋など――の整備、あるいは人材教育機関などの創設にも私財を提供している。こうした取り組みが地方の近代産業の育成に大きな役割を果たしていたとすれば、その後の成長期においても、引き続き彼らが大きな役割を果たしたのだろうか。あるいはどのような社会層がその担い手として現れ、従来とはまた異なった役割を果たしたのだろうか。

広島県についてすくなくとも言えることは、産業界の発展を担う人材については後のような明確なキャリアパスが形成されていたわけではなかったことである。そうしたなかで、最初は官営工場――砲兵工廠や海軍工廠を含む――からのスピンオフという単線的キャリアパスが現れ、やがて複線化していった。すなわち、その後設立された工学系の学校――実業補習学校など――を経た者が勤める、ある程度の規模をもった民間工場からもスピンオフというかたちで起業が行われた。また、小規模な町工場などからの独立組も出始め、より複線的なキャリアパスが形成されていった。

産業形成をこのように「個人のキャリアパス」という視点からとらえると、日本の場合、キャリアパスも官営工場や大企業から、中小企業へと移っていくことになる。本書ではこの視点から広島の造船産業という地域産業の発展史をとらえたいと思っている。その場合、個別経営者の口伝が重要な史料であり、生きた資料となる。この点についてつぎにふれておこう。

経営口伝の方法

日本には明治以前から何世代にもわたって継承されてきた、いわゆる「老舗企業」(*)もある。そうした企業には、創業者などの経営哲学が、家訓として、わずか数行の文章に凝縮されたたようなかたちでいまに伝わっているものもある。

＊老舗企業――長寿企業などとも呼ばれる。設立以来、長期にわたり存続してきた企業の総称でもある。創業一〇〇年以上の企業は、日本に約五万社あるともいわれる。詳細については、たとえば、つぎの著作を参照。後藤俊雄『三代、一〇〇

年潰れない会社のルール』プレジデント社（二〇〇九年）、野村進『千年、働いてきました』角川書店（二〇〇六年）、久保田章市『百年企業―生き残るヒント―』角川書店（二〇一〇年）。

だが、当時の同業者の様子などが詳細に比較・記録され、資料としていまに伝わっているものはそう多くない。実際には、第二次大戦後に創業された企業の歴史についてさえも、個別記録として残っているものは多いとは限らない。大企業や中堅企業であればともかく、ほとんどの中小企業の歩みはキングスレイのいうように歴史のかなたに埋没してきた。

その意味で創業者から直接、その経験を聞き記録にとどめることは重要であるが、そのような機会を確保することは必ずしも容易ではなく、聞き手の個人的ネットワークに大きく依存せざるを得ない。だが、それが可能である場合、ネットワークがさらなるネットワークに拡大される可能性もある。ただ、そうした経験談はきわめて個人的かつ主観的な内容であるがゆえに、それを聞き取ったうえで、なおかつ正確に記録することにはさまざまな制約もある。

たとえば、広島県のA氏の場合、昭和四〇年代半ばに大手造船所の協力工場として創業、約三年後には、創業者A氏の故郷に工場を新設している。さらに一五年後に、近隣に第三工場を新設した。その後の同社の大きな転換は、平成一三［二〇〇一］年に中国での企業設立に参画したことである。その四年後にはこの合弁企業から撤退して、独力で中国で事業を展開した。その後、一工場を売却し、環境事業に新たに参入し、現在に至っている。

この半世紀、A氏はさまざまな経済環境の変化に対応してきた。現在は大手重工業の関連企業を主要取引先とし、その存立分野を造船としつつも、特殊船やその他環境関連分野へも拡大させてきている。A氏の語る個人経営史は、そのまま広島県の造船産業史であり、わが国の造船産業史である。

さて、A氏は戦後の高度成長期に創業した初代経営者であるが、B氏の場合は三代目にあたる。大正期に祖父が船大工として故郷の広島県だけではなく山口県でも修業し、帰郷後に木造新造船と修理の小さな造船所を創業した。この創業者の下で船大工修業をして、後に鋼船へと転換させたのが二代目の父親である。その後の造船不況の下で、この父とともにさまざまなデザインの船舶を手掛け、積極的な設備投資を行いつつも、木造船でつちかわれた船大工の伝統的技能を生かすやり方を模索してきたのが、大学で造船工学を学んだB氏である。B氏の語る祖父・父・子の三代にわたる造船所の移り変わりはまさに因島の造船業史そのものである。

B氏の場合は、造船所に生まれ、自然に造船業へと進んだが、学校での専攻も全く造船業とは関係なく、さほど大した動機もなく造船所へ入社し、後に経営に携わるにようになったC氏のようなケースもある。同社の前身は昭和戦前期の船舶艤装工場であり、やがてアルミニウム合金製小型ボートの生産に乗り出した。その後、アルミ合金の溶接技術に改良を重ね、高速船の開発・設計・建造に本格的に進出している。

同社は造船不況のなかで中手の造船所の翼下に入ったものの、その中手造船企業の経営危機があり、さらに、アルミニウム圧延メーカーの系列会社となった。C氏はその企業から経営権を買い取り、アルミニウムの軽量性を生かした高燃費の高速船を次々と生み出すことで全国的にも知られる企業へと成長させた。C氏の語る軽量船の歴史はそのまま中小造船所の生き残る方向性を示唆している。

後発ながらも、鋼製扉や船尾骨材など各種船舶艤装品に特化して、地元の造船所だけではなく、日本各地の大手、中手、中小の造船所との取引関係を拡げてきた企業の二代目経営者であるD氏は、中国にも進出し、日本でも生産体制の一層の効率化を模索している。D氏の語る船舶艤装業界の軌跡は、日本の造船業のさらなる発展がなければ、その存立が大きな影響を受けることを物語っている。

ところで、自動車に車検があるように、船舶にも定期検査があり、定期的にドック入りし修繕などのメンテナンスを必要とする。かつては、そうした労働集約的な検査や修繕は日本で行われたが、運航コスト低減の必要性から現在は韓国や中国などでも行われるようになってきている。このため、日本の船舶定期検査や修繕の市場は内海船へと縮小していて、大手や中手でも修繕部門についてどのようにして収益を確保するのかが課題となってきている。

そうしたなかで検査・修繕に特化している造船所もある。後発ながら、生き残りをかけてさまざまな工夫を凝らしながら、修繕などにおける効率性や付加価値性を重視した取り組みを続けている二代目のE氏は、大学で物理学を専攻したあと、造船工学科を卒業して先代の事業を継承している。彼の場合、さまざまな家庭の事情で造船業の経営に携わることになったのだが、先ほどのC氏と同様に、異なった専攻分野あるいは事業分野から造船業へ進出した人材が、従来のやり方を変え、それまでとは異なった成功事例を持ちこむことによって、造船業全体が活性化する側面もあるのではないだろうか。

大手造船所などは、航空宇宙分野などへの進出を強調する一方、中国や韓国の興隆によって造船業の未来像を語ることがそうなくなり、造船業に衰退産業としてのイメージを植えつけてしまった側面もある。造船工学科に「優秀な人材」が来ないことを造船各社の経営者は指摘するが、造船工学以外のさまざまな工学分野から造船業界に人が集まることが、これからの日本の造船業界に大きな刺激を与えることにならないだろうか。

経営口伝の方法

E氏の語る造船業界に必要な人材像は少なくとも、経営者たちが造船技術の未来像を語る必要性を示唆している。たとえば、バラスト水の問題がある。無積載の船舶のバランスをとるために、船底のバラストタンクに出港地の海水を注入し、荷物を積載したあとでその海水を排水する。これによって海水にいる外来種の生物が排出され、生態系に大きな影響を与えてきた。そのため、バラスト水管理条約――船舶バラスト水・沈殿物の規制・管理のための国際条約――が平成一四［二〇〇二］年に国際海事機関（ＩＭＯ）で採択されたが、各国の批准までには大きな障害がある。

その障害の一つが、バラスト水管理の有効なシステムが開発されていないことである。E氏は、わが国の造船業が生き残る一つの方向性として、既存船舶のバラスト管理システムの修繕への特化は、造船所にとって非常に大きなビジネスチャンスであることを強調する。韓国企業も電気分解などによるバラスト水処理装置に力を入れ、国際海事機関の「活性物資に関する承認」などの取得に熱心である。バラスト水管理システムの開発は単に造船工学だけではなく、さまざまな工学の応用分野であり、E氏は開発に関わる優秀な人材を造船業に引き付ける必要性を語る。

伝馬船などの船大工であったF氏の祖父が、昭和初期に起こした小さな造船所が、その後、内航用の鋼船へと転換したのは戦後であった。木造船から鋼船、さらには小型鋼船から外航用の大型鋼船への転換は、世代ごとのたゆまぬ技術向上への努力によって成し遂げられたものである。三代目のF氏が語る中小規模造船所の生き残り策は、大手や中手の造船所よりさらに先を行く市場ニーズに敏感な設計感覚である。それは、既存設計と同一タイプ船の建造に固執するよりは、船主の厳しい要求にどこまでも応えていく貪欲な精神によって生まれるものではないかと、F氏は主張する。

こうしてみると、造船企業の経営者が語る自社のそれぞれの歴史は、個別企業の栄枯盛衰史であるばかりでなく、わが国の造船産業史そのものである。度重なる造船不況のなかで、倒産、転廃業、あるいは合併などを余儀なくされた企業があった反面、成長を遂げた企業もみられる。そうした企業の経営がどのような特徴をもっていたのか。それはバランスシートからだけでは、必ずしも解明できるわけではない。経営者の口伝経営史は産業史という大きな流れにあって、経営主体の生きた姿を浮き彫りにすることにつながるのである。

だが、そうした経営者のオーラルヒストリーは個人の感覚と記憶の範囲に依る所も大きく、しばしばきわめて主観的なものである。したがって、そうしたオーラルヒストリーには検証作業が必要である。すなわち、その業界全体の動きを示す統計、調査資料などと照らしつつ、インタビュー対象を関係者にも広げながらの調査方法が不可欠となる。本書でもできるだけそのような方法論をとった。

第一章　瀬戸内地域からの視点

地域発展史研究

「地域」の分析は、さまざまな地理空間を扱うことを前提とするが、その視点と分析対象の範囲によって、地域そのものの概念は大きく異なってくる。「地域」から、特定のある種の共通空間を取り出すときに、わたしたちは意図的に「地方」や「地元」という概念を用いる。「地方」といった場合、単に地理的空間配置を意味するだけでなく、「中央」という権力への対抗概念、あるいは従属概念といった政治力学的な意味合いや行政単位という意味をもたせることもある。

この「地域」と「地方」との概念の対比では、地域は明らかに地方よりは広範囲の地理的概念となる。また、地域とはきわめて歴史的な概念であり、時代によって、あるいは交通手段の発達などによってその範囲は空間的にも心理的にも異なっていた。この意味では、地域はさまざまな視点やとらえ方が積層して出来上がった概念であった。地方を「ローカル」、それがある一定の積層において「リージョナル」を形成し、そうした「リージョナル」の諸連合が「エリア」であったのである。

そうした地理的概念としての地域のほかに、経済的な空間、政治的な空間、より具体的には国境による空間、一国内における行政単位としての空間、さらには共通言語や共通習慣による文化的空間、国境を越えた共通精神による心理的空間などもあることも指摘しておく。

これらの諸空間はかなり重なり合うこともある。そうした重なりに関わる概念として「原空間」という言葉を用いると、たとえば国際関係によって国境が変更され異なる地域が成立しても、経済的原空間は残る。行政空間よりも、現実的には経済の合理性が優先する場合がみられる。同じことは文化についてもいえる。

このように、地域発展史における「地域」とは、単一的あるいは単層的な統一性のみで語ることは困難なのである。地域とは多様かつ多岐にわたる空間概念であり、かつ文化的概念でもある。したがって、地域の歴史的分析＝地域発展史は、最終的には地域の多様性や多岐性から、改めて地域とは何であるのかという原点に立ち戻ることを余儀なくされる。地域研究は、地域的なまとまりの共通要素を摘出することから創始され、風土や文化といった定量的にその実態や変化を捉えることがむずかしいものを探る一方で、人と自然、人と人とのつながりのなかで形成された社会的組織とその構成原理などを明らかにすることが必要となる。

今回、広島県の造船業を調査するために、その集積地である福山市、尾道市、呉市などの造船産地や関係機関をよく訪問したが、その都度関係者から福山気質、尾道気質、呉気質など地域的文化性の差異を聞いた。考えてみれば、福山市と尾道市などは直線距離にしてそう離れているわけではない。しかしながら、異なる地域への移動や輸送がいまほど容易でない時期には、人の行き来は盛んではなかった。その地理的あるいは交通的制約によって人びとの気質が形成され、そうした気質が事業展開のやり方に反映していたことは充分に考えられる。

また、福山市と呉市との比較では、近代工業が立地していく課程で、その主軸を構成したのが公的部門であったか、あるいは民間部門であったかによって、企業家たちの事業感覚もまた異なっていた。とりわけ、呉は海軍の軍都として軍関連の需要によって発展し、そうしたなかで呉の経済も形成されたのであって、この点は福山市や尾道市の経済発展パターンとは明らかに異なるとみてよい。

だが、地域は他地域から完全に孤立し、存在しているわけではなく、地域は他地域とのかかわりのなかで存立してきた。そのかかわり方は内陸と内陸だけでなく、内陸と海洋、内陸と河川、内海と海洋といういくつかの空間関連次元で異なり、それぞれの地域の発展の方向もまた異なっていた。そうした地域間「ネットワーク」の内実をとらえることは、地域発展史における重要な分析手法である。

この「ネットワーク」は人びと、物資、サービス面での「交流」といいかえてもよい。地域は、異文化交流によってそれぞれの文化的空間圏が独自の発展を遂げ、また、貿易などを通じて経済空間圏も発展を遂げていったのである。地域の独自文化というが、それは他地域の文化との比較においてそのアイデンティティー――「わたしたちの文化」という自画像――が確立されてきたのである。

本書では、もっぱら地域の発展を経済活動に焦点に絞って展開するのであるが、単に財やサービスの交換、人の移動などによる技術移転や市場開拓という視点だけでなく、共通するビジネス文化と異質なビジネス文化という面にも十分に注意を払う必要がある。

以上のような議論を産業史に引きつければ、交通手段や技術の選択がきわめて限定的であり、したがって地域間の交流も限定的であった時期には、産業はもっぱら原料立地――他地域から原料を移入することが困難なため――を前提に成立してきた。そのように成立してきた、いわゆる在来産業は、原料確保から最終加工までの域内完結性の高い生産構造のなかで形成されてきた。そうした在来産業においては、技術、技能がもっぱら地域内に蓄積されてきたのである。

その後、そうした在来産業は、地域内での原料確保が困難になったり、国内他産地や輸入品との競合に晒され、衰退の道を辿った業種もあれば、むしろ積極的に品質を改善したり、あるいは新製品を開発したり、さらには新たに地域外に販路を開拓することを通じて発展を遂げていった業種もあった。また、それまでの技術蓄積の上に、近代移殖産業の分野へと新たな展開を遂げる例もみられた。

これはその地域のもつある種の潜在力――たとえば、内部経済だけではなく外部経済効果なども含め――に依拠した結果であったのか。あるいは、そうしたなかで形成された「進取の精神」――企業家精神あるいは事業家精神――の内的作用の結果であったのか。もしそうであれば、多くの在来産業において事業はその後も存立しえたはずである。だが実際には、新たな経済環境に対応しえた経営者層とそうでない経営者層がいた。そのことは個々の企業家精神とは果たして何であったのかという問いをわたしたちに突きつける。

一方、事業家は必ずしもその土地に生まれ育った人たちではなく、他地域からその地域へと移住した人たちである場合もみられる。明治維新後の大阪の産業発展の担い手たちにその豊富な事例を見出すことができよう。そうした場合、その地域のもつビジネス文化のあり方もまたわたしたちの興味を引きつける。

旧来の経営者層の衰退が他地域から移住した経営者たちによって防がれ、新たなビジネス文化なり企業文化が形成されるときに、あらためて地域的な「土壌」のあり方を分析対象とする必要がある。

広島県の諸歴史

広島県の場合をみておこう。中国地方の中世史を専門とする日本史学者の岸田裕之は、『広島県の歴史』で広島県の「県勢」について、つぎのように指摘する。

「平地が少ない地形のために耕地率が低い。出稼ぎの土地柄である。そしてここ数十年間の社会構造の変化の中で人びとは河口の都市部に集住した。古来営々ときづかれてきた棚田は維持しがたくなり、また急激な人口増加に対応した都市部の住宅地では、大雨ごとに花崗岩土の流出による土砂災害の危険も大きい。毛利輝元が『広い島』と感想をのべて命名したという説もある広島も、いまや山を削った団地にかこまれて、みるからに窮屈そうである。なによりも美観をそなえた安全な県土の形成が課題である。」

広島県は山岳地域と海岸地域、その中間にある平地地域、そして、瀬戸内海の多くの島々から構成されている。岸田のいうように、平地面積は少なく、耕地面積の割合は他県と比べても高くはなかった。結果として、早くから出稼ぎが盛んであったといわれる。それゆえに、徳川幕藩体制下の一七世紀には耕地の開発が盛んにはじめられ、一八世紀には広島各地で商品生産が発展していくことになる。

だが、耕地面積の狭隘さに比して、中国地域の鉄、銅、銀などの地下資源は豊かであった。このため、資源の獲得をめぐる封建領主間の対立は絶えなかった。このうち、鉄についてはたたら吹き製鉄法として江戸期に広島藩でも盛んに行われた。近代工業の基礎となる製鉄は明治以降も政府によって継承されていくことになる。(*)

*この背景には、兵器生産に広島や岩手県釜石などの製鉄が不可欠であったことがある。広島では野島国太郎（一八六八〜

一九三七）等が製鉄に乗り出し、たたら製鉄による高品質の鉄が呉海軍工廠のみならず、三菱長崎造船所や八幡製鉄所などでも必要であった。高炉製鉄が主流になるなかで、野島等が起こした帝国製鉄は昭和四〇年代はじめまで、たたら製鉄を続けていたことは記憶にとどめておいてよい。

毛利氏が大内氏や尼子氏との関係でその領土を確定していくのは戦国時代であるが、毛利政権時代とその後における耕作地の拡大は、換金性の強い井草——畳などの原料——、麻、木綿の栽培を促した。とりわけ、木綿については広島藩や福山藩がともに特産品として奨励していたこともあり、盛んになっていった経緯がある。木綿の栽培には大量の肥料——干鰯——を必要とすることから、綿作の拡大は漁業の発展にも影響を与え、綿作と漁業の相互発展がみられた。

こうして米作、綿作、塩、鉄、そして木綿の生産が盛んになった。綿については、綿花からは綿実油と綿糸、綿糸からは綿織物が生産された。塩については、江戸期に塩田の先進地域であった兵庫県赤穂から竹原へ技術導入——技術移転——が行われている。その火力源であった木炭は、後背地の森林から供給された。鉄についても山岳地帯で鑪製鉄が行われてきた。

他方、広島の尾道や島嶼部は瀬戸内海の水運の結節点であり、海上交通の発達とともに発展していった。尾道についてみると、平安時代末期には年貢米などの積出港として栄え、室町時代に遣明船が尾道にも寄港していた。江戸期には、尾道は東北や北陸に船籍をおいた北前船の瀬戸内海での寄港地であり、米だけでなく松前などの干しいわし、ニシン、鮭、昆布などが積み下され、畳表、綿、酒、塩などが積み込まれ——いわゆる「買い積み」——、物流の拠点となっていた。物流が活発化したことで、尾道は港湾商業都市として整備されていくことになる。

こうした発展は単に問屋など流通業界だけではなく、船の修理や造船といった分野を拡大させ、船員などの労働力の市場を成立させていった。江戸期の広島南部の沿岸部や島嶼部の人口増はそうした海上輸送の発展に大きく負っていた。明治維新に先立って、広島ではすでに商品経済が発達していた。造船業については、それよりもはるか以前の経営資源の地域的蓄積が活用され、そうした歴史的蓄積の上に成立していくことになる。

広島県は、明治期に旧広島藩、旧福山藩、旧中津藩が統合され、ほぼ現在のかたちとなった、その後の広島県を特徴づけたのは、軍事都市としての発展である。

広島県の場合、耕地が拡大したといっても、全国平均では農民一人当たりの耕地面積は決して大きくはなく、広島経済はその後も江戸期と同様に出稼ぎによって支えられていた。明治期になってからの出稼ぎ先をみると、関西圏へはもっぱら木挽、石工、大工として、やがて紡績業での職工として、四国へは別子銅山の作業者として、九州へは炭鉱夫として出ている。また、出稼ぎ先は国内だけでなく、やがて太平洋を越えハワイへさらには米国本土、フィリピン、南米のペルーやブラジルあたりへと移り、日露戦争後には朝鮮半島や中国関東州——満州——へと広がっていった。

当時の日本の地方社会において、「藩」から「国家」への社会的帰属意識の変化は居住——地域移動——の自由、職業選択の自由を通して実感されていくことになる。ある地域においては人口移出が多く、逆に、ある地域においては人口移入が多く、人びとの地域概念もまた大きく変化し始めた。

こうした人口動態を知るには全国規模での国勢——人口——調査が不可欠である。わが国で『国勢調査』が最初に行われたのは大正九［一九二〇］年であり、これ以降、日本の地域別人口構成を把握できるようになった。『国勢調査』から中国地域の人口動態をみると、日本海側の島根県の増加率が概して低い。広島県や岡山県は増加しているものの、その増加率は全国平均より高いわけではなかった。

人口の流出入の要因として大きかったのは、新たな産業の勃興やインフラ――社会資本――整備などであり、とりわけ、急成長産業群をもつ地域は域内だけではなく域外からも人口――労働力――を吸引した。インフラ整備ということでは、港湾や鉄道建設だけではなく、たとえば、輸送や通信などの整備は、その後の地域経済の発展に大きな影響をおよぼすため、きわめて政治的な動き――いまでいう公共事業獲得運動――を生み出していった。高等教育機関の整備については、日露戦争以前の段階で高等学校、高等専門学校、帝国大学の設置場所をみると、岡山県に第六高等学校と岡山医学専門学校が設けられたものの、広島には明治三五［一九〇二］年に広島高等師範学校が設けられただけで、高等学校は広島県を素通りして山口県に設けられている。

ただし、官僚や教師を輩出する高等教育機関が設置されても、その人材は地元に還元されるとは必ずしも限らず、むしろ首都圏や他県などへと流出するケースが多かった。したがって、地元経済の活性化の点では、地元へ着実に定着し活躍する人材を育成する実業学校などの整備がどの程度進んでいたかのほうが重要であった。

実業――農商工業――に従事する者を対象とした実務教育機関としての実業学校としては、広島高等師範学校の設立以前に、明治三〇［一八九七］年には広島県職工学校、明治三一［一八九八］年に尾道商業学校、商船学校、明治三三［一九〇〇］年に広島商業学校がそれぞれ設立されている。

もっとも、広島県のみならず、明治三〇年代初頭には各地に実業学校を創設する動きが広がっていた。その背景には、わが国の産業に必要な人材――担い手――の育成という火急の課題があった。明治二七［一八九四］年に「実業教育費国庫補助法」が成立し、文部省にも実業教育局が新たに創設され、実業教育(*)が導入されていくことになる。明治三二［一八九九］年には「工業農商業等ノ実業ニ従事スル者ニ須要ナル教育ヲ為ス」とされた「実業学校令」が導入された。

＊このほかに、実業補習学校もあった。明治二六［一八九三］年に「実業補習学校規定」が公布されている。小学校への就学割合も決して高くなかった当時にあって、尋常小学校に付設した学校制度として、実業知識や技能に関わる補習が意図された。実際には、農業関係が多く、日曜、夜間あるいは農閑期に行われた。

造船業に直接関わりをもつ商船学校の場合、広島では大崎上島――広島県竹原の沖合――の一二ヵ村の人たちが協力して町村組合の芸陽海員学校を設立している。その後、実業学校令によって、芸陽海員学校は芸陽商船学校と改名され、明治三四［一九〇一］年に、町村組合から広島県に移管され、広島県立商船学校となった。大崎上島に同校が設立されたのは、この地が古くから造船――和船――の島として栄えてきたことに起因しているが、明治二九［一八九六］年に船員職員改正令が発布され、従来の船頭では船長になる資格を得ることができなくなったことが理由であった。大崎上島などの回漕業に従事している島民たちにとって、この制度改正は生活権を脅かすものであり、死活問題であった。

大崎上島出身で、後に逓信大臣や内務大臣などを務めることになる政治家の望月圭介の父東之助等も学校を設立する運動を起こしている。望月圭介が亡くなって間もなく出版された『望月圭介伝』は、海員学校設立運動当時の事情を知る古老などの話をつぎのように紹介している。

「豊田郡内でも沢山の船を持っている東野村、中野村が中心となって、……和船の船長を養成する目的の海員養成所設立に関して数次の会合を重ねた結果、……十三ヵ町村を以て学校組合を組織し、現今の丙種船長の養成を目的とした学校を設立する議が成立しました。……学校設立の参考に資する為、……三名が、鳥羽商船学校、東京商船学校大阪分校、神戸海員集合所等を視察しました。これに拠りまして後に学則が制定されたのです。……そして同じ作るなら丙種のものにせず、甲種船長の養成機関にしようといふ説が出てまいりました。これが有力となりまして、遂に愈々明治三十一年、五月十日、十五ヵ町村組合立芸陽海員学校として呱々の声を上げたのです。……明治三十二年五月十七日に芸陽海員学校は、芸陽商船学校と改名されました。」

当時、家業の回漕店、造船業などを営み、豊田郡の郡長代理であった望月東之助は、自ら相当額の費用を積極的に引き受けることを表明することで、経費負担の問題などでなかなかまとまらなかった各町村代表の意見を集約し、設立にこぎつけている。その後同校が経営困難になったおりも、東之助が相当の費用負担をしたといわれている。

他方、広島県職工学校は、後述するように広島が軍産都市となりつつあった時期に、機械工などの職工養成の必要性を先取りして設立された。当時の職工（徒弟）学校には、明治二七［一八九四］年、京都市に設立された市立京都市染織学校を嚆矢として、翌年設立の愛知県の町立瀬戸陶器学校、福島県の村立本郷窯業徒弟学校、山形県の町立庄内染織学校などがあり、いずれも在来産業に従事する者たちの技能養成を目的とした。これら在来産業への従事者教育とは異なり、広島県が県費でもって設立した広島県職工学校は、在来産業振興ではなく、むしろ近代工場の技能者の養成を目的としたことがその特徴であった。

当初、同校には木工科と金工科が設けられた。大正五［一九一六］年には広島県広島工業学校と改称され、機械科や電気科などが設けられ、県の重工業化に対応することが強く意識されていた。

経済学者の竹内常善は、設立後十数年経過した明治四三［一九一〇］年の卒業生の出身地域別などのデータを分析した「広島県職工学校」で、同校の特徴をつぎのように指摘する（豊田俊雄編『わが国産業化と実業教育』所収）。

「農村部の出身比率が高い。この点は同じ実業学校である商業学校と比べて大きな差異をなしている。後者に市内出身者が圧倒的である。農村部出身者といっても、村内では中上層の者が多いようである。殆どが高等小学校卒業者ないし修業者であり、当時高等小学校進学率は十数人に一人程度であるから一般農家出身者ではない。また村長やかつての庄屋の家庭の子弟もみられるが、ほぼ一様に何らかの理由で没落しており、親戚の援助とか学資補助が得られるとの理由で同校に入学している。だから経済的に再上層の家庭出身者ではない。更に長男が少ないことは当時の農村の家制度の強さを反映している。長男の者は都市の小生産者の家庭出身の場合に限られるといってもよさそうである。」

彼らの卒業後の進路については、広島の土地柄を反映して呉海軍工廠やその関連工場への就職比率が高かった。卒業生の進路構成においても、広島県職工学校の性格がよく表れている。竹内が依拠した同校の同窓会名簿（昭和一二［一九三七］年版）によると、電気科や建築・土木科と比較して、機械科の卒業生の呉海軍工廠への就職が突出して多かった。たとえば、明治三三［一九〇〇］年から昭和一二［一九三七］年までの就業状況がはっきりしている卒業生四七九名のうち、呉海軍工廠へは二二二名（全体の四六・三％）が就職しており、同校が呉海軍工廠への若者たちの就職の実質的登竜門となっていたことがわかる。ついで多いのが公務員の三五名（同七・三％）で、以下、陸軍の二七名（同五・七％）、広島電気の一九名（同四・〇％）、国鉄の一七名（同三・五%）、日本製鋼所の一五名（同三・一%）などとなっていた。

広島市と呉市の人口規模を参考までにみておくと、広島市は明治二二［一八八九］年に七・八万人、明治三一［一八九八］年に一〇・七万人、明治四一［一九〇八］年に一二・五万人、大正七［一九一八］年に一六・二万人と増加している。他方、呉市は同期間に二・三万人から一六・三万人へと増加しており（梅村又次他編『長期経済統計―地域経済統計―』）、呉市の人口の急増ぶりが注目される。これはいうまでもなく呉の造船業の発展に負うところがきわめて大きい。

ところで、農家の次男以下には当時勃興しつつあった重工業分野へ職工学校などを経て職を得ることのできるキャリアパスが形成されつつあったが、そのようなキャリアパスが若者たちに平等に保障されていたわけではむろんなく、ましてや女性が職業婦人として自立できる時代ではなかった。こうした労働状況にあって、明治期から、カリフォルニア州でもっぱら日系移民を抑制するための「排外土地法」案が州議会を通過する大正後期まで、広島は米国などに移民を送り続けていた。

ハワイ移民、その後の米国カリフォルニア州への移民については、映画監督の新藤兼人が『怒りの声―あるアメリカ移民の足跡―』で、米国移民となった明治三七［一九〇四］年生まれの実姉（秀代）の足跡を描いている。旧家といえども、当時、家産の傾きかけていた新藤家は、姉を米国へ移民として送らざるを得なかったのである。

当時の苦しい経済事情の下で、新藤の姉は「嫁探し」のためにカリフォルニア州から帰郷していた広島県賀茂郡出身の男性と慌ただしく祝言を挙げ、すぐさま渡米している。大正一二［一九二三］年一一月のことで、渡米先は野菜農家であった。新藤は後に、歳を重ね望郷の思いが募った姉から受け取った当時の貧しさを回想したつぎのようなカタカナ混じりの手紙を紹介している。

「私が、米国へ行ったら、すこしでも、家に、金を送れて、らくになるかと思ったが、女では、どーにもならん。主人の方も、私も、メリーするため、借金を、しておったので、私は、家のことが、シンパイで、あったが、どーにもできなんだ。」

このようなことは、当時、日本各地から移民の花嫁として渡米した女性たちに共通した事情であった。新藤の姉と同じ太平洋丸で移民花嫁として渡ったのは三〇〇人ほど、広島からは十人ほどであったと、姉は当時の様子を新藤に伝えている。新藤が一二歳のときに別れた姉の秀代に再会するのは実に渡米してから五〇年後である。

新藤は秀代の足跡を「渡米二年目に長女が生れ、年子で長男を生んでいる。赤ん坊を背中に背負って畑仕事にでたというのも勝気な姉らしい……アメリカに来たからには、という不退転な気持ちは凄まじいものであったろう……姉の幻想はくずれた。アメリカ移民の実態をみたのだ。日本へ里帰りする人たちの、帰国してからの派手なふるまいは、きびしい日常の反動なのだとわかった。アメリカといえども、金がころがっているわけがなかった。働くものだけが食べていけるのだ」と紹介している。

秀代たちの夢は白人から借りている土地で野菜作りを軌道に乗せ、金を貯め、やがて自分たちの土地を手に入れて、そこで農業を続けることであった。だが、この夢も日米開戦によって破れ去ることになる。当時、米国西海岸にいた日本人移民約一一万人は強制収容所へと移され、自分たちの農地で自立する夢は消え去ることになる。

厳しい強制収容所生活のあと、秀代たちはカリフォルニア州に戻ったものの、畑は荒れ果て、土地を新たに借りて出直すことになった。その矢先、秀代は仕事先での事故で夫を失うことになる。秀代は自分たちで土地をなんとか買い入れ、農業を続けたが、苦しい生活はその後も長く続いたという。

五〇年前に別れ、手紙だけが唯一の接点であった姉に会うことを新藤に決心させたのは、姉が毎回、手紙の最後に記した「兼人さん。会ひたい。死ぬまでに、一度、会ひたい」という文章であったという。新藤は、五〇年という長い時間を経て、ようやく、日系被爆者の映像取材を兼ねての旅行途中に、秀代をカリフォルニア州エンシニタスに訪ねたのである。

新藤はカメラを回し続けて、姉たちの生活を映像に取っている。広島には新藤と同じような経験をした人たちも多いことだろう。新藤は前掲書の「あとがき」をつぎのように結んでいる。

「五十三年ぶりに、私は姉と合うチャンスに恵まれた。仕事でアメリカへ行き、エンシニタスを訪れた。私が十二歳のときに見た姉は七十三歳になっていた。カリフォルニアの太陽に灼かれ、女か男かわからないほどだった。握手をした手ははげしい労働で木の皮のように堅かった。二世の子どもたちはもはや百姓はしていない。サラリーマンである。三世の孫たちはおばあさんとはもう他人である。日本語を話すことができない。姉はひとり孤立しているかにみえたが、超然としているふうでもあった。死ぬ日まで畑に出ていたいといっていた。」

新藤兼人の姉の個人史は、広島からの移民の社会的背景と当時の米国の日系移民社会の様子を的確に伝えると同時に、広島県の労働事情をも伝えている。

軍産都市の発展

明治政府は明治元［一八六八］年に軍政を布き、その組織として江戸鎮台を設けた。さらに、明治四［一八七一］年に全国に四鎮台が設けられた。東京、大阪、鎮西——本営は小倉、当初は熊本——、東北であった。広島には、鎮西鎮台の第一分営——のちの第五軍管広島鎮台——が設置され、島根、山口、香川、高知などの四国を管轄した。このように、広島は明治初期から、海軍ではなくまずは陸軍の重要拠点として位置づけられていた。

そして、さらに広島が軍事都市として発展のきっかけを与えられたのが、日清戦争の勃発であった。山陽鉄道が明治二七［一八九四］年には広島まで開通していたこともあり、広島は宇品港への兵士、兵器、物資輸送において優位な位置をしめ、また、関連施設の充実・拡充が積極的に行われた。

その結果、当時、人口が一〇万人にも満たなかった広島市に、出征を控えた兵士が溢れることになる。出兵や軍事物資の輸送のために、山陽鉄道広島駅と宇品港の間には、陸軍省の委託で急遽、鉄道が敷設され、広島には大本営が設けられた。こうして日清戦争、日露戦争において、「軍都」としての広島が成立することになる。

鍵を握ったのは宇品港の整備であった。宇品港の築港については明治初頭から計画されたが、内務省から築港許可が出たのは明治一七［一八八四］年のことであった。広島と宇品港を結ぶ道路や、宇品港周辺の埋め立てによる新開地の整備はその五年後に完成している。さらに、山陽鉄道の開設で、宇品港は、その機能を最大限発揮することになる。

日清戦争時に、宇品港は兵隊や軍事物資の船舶輸送の一大拠点となり、関連施設が続々と設けられ、対岸の金輪島には造船・修理工場などもつくられた。日露戦争時にも、宇品港周辺には陸軍糧秣廠や陸軍被服廠が設けられた。明治四四［一九一一］年につくられた缶詰工場は、陸軍直営工場となった。日清戦争後には、広島城近くに大阪砲兵工廠広島派出所——のちの広島陸軍兵器支廠——も設けられ、その後拡充した。

他方、海軍は呉——安芸郡宮原村——の地勢の良さに着目し、明治一七［一八八四］年以降、本格的な調査を実施し、全国五海軍区の一つとして、それまで小さな農村・漁村にすぎなかった呉に鎮守府——第二海軍区(*)——を、明治二二［一八八九］年に開庁した。やがて、海軍艦艇の修理・補修を受け持つ造船部と兵器生産などにかかわる兵器部が設けられた。

＊ちなみに、第一は横須賀、第三は佐世保となった。

造船部は当初、軍艦などの修理を行ったが、のちに神戸の小野浜造船所の設備が移転され、この施設が呉海軍造船廠となった。また、軍艦に搭載する大砲や水雷などの兵器製造の必要性から呉兵器製造所が設けられ、明治三〇［一八九七］年に造船部と兵器部からなる呉海軍造兵廠となった。この年、広島と呉を結ぶ呉線が開通している。なお、造兵廠にあった製鋼工場は製鋼部として独立した。造船廠と造兵廠の二つの工場は明治三六［一九〇三］年に統合され、広大な敷地をもつ呉海軍工廠となった。

軍産都市の発展

ここで明治半ばの広島県の産業の全体像をみておこう。日本の府県別の工業（工場）生産額が統計的に把握できるのは明治四二［一九〇九］年の『工場統計表』からであり、それ以前については、農商務省編の『農事調査』の府県別物産データ——農産、水産、工産——に依拠するしかない。

これらに依れば、生糸生産——製糸——が盛んとなった長野県、近代工場が集中立地していた東京などを除き、広島県は他の多くの県と同様に農業県の色彩の強い地域であった。当時の広島県の人口は約一三〇万人と全国でも上位グループであったものの、一人当たりの「物産収入額」では下位グループに属していた。つまり、広島県は農業生産額の割には人口規模の大きな地域であった。

当時の日本の工業全般についてみれば、その主力は、長野県、京都府、山梨県などであり、生糸などの繊維製品が上位を占めていた。こうした地域はいずれも「山国」であり、海に面した広島県については、農水産業から工業への転換の鍵を握っていたのは造船業の振興とその発展の可能性であった。この意味では、呉海軍工廠が設けられたことは、広島県の産業構造の転換に大きな影響を及ぼした。

呉海軍工廠には「造船部」、「造兵部」、「製鋼部」、「造機部」、「会計部」、「需品部」などが設けられ、明治後半には職工数で二万人をはるかにこえる規模の大工場となっている。在来工業のほとんどが零細家内工場のレベルであった時代において、呉海軍工廠はまさにけた外れに大きな近代工場であった。

さらに、明治四〇［一九〇七］年に「帝国国防方針」が決定され、海軍の軍備拡充計画が実施に移されることになると、海軍工廠の拡充が焦眉の急となった。大正九［一九二〇］年には、呉での工場拡張が空間的に困難なことから、隣接の広――賀茂郡広村――に、呉海軍工廠広支廠が設けられた。広支廠では、航空機の生産も手掛けられ、大正一二［一九二三］年に広海軍工廠として独立した。前年にワシントン条約で海軍軍縮が調印され、呉海軍工廠などの縮小が行われたものの、広海軍工廠は航空機部門を拡充させている。

広島、呉や広と比較すると、広島県の東部に位置する福山などでは、軍需工場の立地などの影響はすくなかったものの、明治二九［一八九六］年に広島市の第五師団の第四一連隊が福山市――深安郡福山町――へと移転された――後に地理的な近接性から岡山の第一七師団に属するようになっている――。連隊の存在は福山の都市機能を高めたが、連隊と福山経済との関係については、中国電力エネルギア総合研究所・(社)中国地方総合研究センター『広島県を中心とした産業発展の歴史』において、つぎのように指摘されている。

「一九二〇(大正九)年以降の不況下において民需が落ち込んだことによって、福山市の軍需への依存度は一層高まっていくことになる。福山市の近郊農村も福山市向けの農産物の供給地として活況を呈した。例えば、大正時代には、福山市の公設市場が扱っていた物資のうち、一五~二五%が連隊向けに納入されており、それだけ福山経済の軍事依存度が高かったことを示している。……このように、福山市における軍需依存度は相当に大きかったことになろう。広島市や呉市ほどではなかったとはいえ、明治時代末から大正・昭和時代にかけての福山市の発展にとって、軍需の寄与が大きかったことは間違いないであろう。」

このように明治後半には、広島市は陸軍、呉や周辺は海軍の軍需生産の拠点となり、広島県は軍事都市としての性格を一層強めていくことになる。

農業経済学者の神立春樹は、『近代産業地域の形成』で大正八[一九一九]年の『工場統計表』と同年の『農商務統計表』からわが国の府県別産業構成データを整理している。ここで、神立のデータを参考に、呉海軍工廠が拡張された大正半ばの広島県の産業構造をみておこう。この時期は、工業については、関東——東京や神奈川県——、中部——愛知県——、関西——大阪府や兵庫県——の三大工業地域がすでに形成されていた時期であった。

当時、人口一五〇万人を超えた広島県は、工業生産額では四七道府県のうち一二番目に登場している。とはいうものの、大阪府、兵庫県、東京府の三地域が機械生産額全体の六三%を占め、広島県はわずか三・五%にすぎない。県民一人当たりの工業生産額でも、造船業が発展していた兵庫県と比較して、その金額は四分の一程度にとどまり、全国で第二〇位となっていた。

広島県の工業を見ると、機械工業が全体の約二八%、染織は四一%、化学は一一%、飲食品は一一%、その他九%となっている。機械生産額については全国で第六位であった。その中心は造船で、造船業の生産額は全国で第四位を占めた。当時、他府県ではまだ繊維産業の比重が高く、広島県は中国地方の工業県となりつつあったが、それでも繊維産業の比重が高かった岡山県の方が工業生産額では広島県よりも大きかった。

しかし、その後の戦時経済下で急速に重工業化が進み、繊維産業が優位を占めていた他地域と比べ、軍関連の工場が集積していた広島県などの地域では機械・金属産業がさらに発展することになる。通商産業省『工業統計』によれば、機械器具工業の場合、従業員五人以上をもつ工場数について岡山県と広島県を比較するとつぎのように整理できる。

年	広島県	岡山県
大正　九〔一九二〇〕年	一五四	四三
大正一四〔一九二五〕年	一〇八	一七
昭和　五〔一九三〇〕年	一五五	三二
昭和一五〔一九四〇〕年	六二三	九五
昭和二二〔一九四七〕年	六〇六	一一七

この表から、機械工業の発展につれ、金属工業の工場数も増加しているのがわかる。こうした機械関連工業の興隆は、呉海軍工廠などの造船業が中心であった印象を与えるが、戦時中についていえば、福山や三原にも軍需関連工場が設けられ、戦後の発展へと繋がっている。たとえば、福山の場合、大正一〇〔一九二一〕

年に三菱造船の電機部門から分離独立した三菱電機が、昭和一八［一九四三］年に、福島紡績の福山工場を買い取り、陸海軍向けの無線機や航空機用計器類などの製造を開始している。

現在、広島を代表する企業の一つとなったリョービ株式会社は、この三菱電機福山工場のダイカスト生産の協力工場として同時期に生まれている。当初、菱備（リョービ）製作所はダイカスト用の金型を外注していたが、東京から金型技術者を招き自作に切り替え、金型からダイカスト生産までの一貫工場としての地位を確立し、戦後は東洋工業や三菱重工などにも取引関係を拡大させ成長を遂げた。

また、昭和三［一九二八］年に米国企業からの技術導入によって、金属加工・表面処理工場として東京に設立された日本パーカーライジング——後に敵性用語の禁止措置によって日本化学防錆へ名称変更、戦後は旧名に復帰——は、昭和一五［一九四〇］年に広島工場を開設し、戦時体制下で陸軍工廠の指定工場となり、陸軍関連の兵器類の防錆加工を行っている。

広島県は第二次大戦下にあって軍産都市としての性格をさらに強めていった。しかしながら、広島市周辺の工場は原爆投下によって大きな打撃を受けた。たとえば、砲弾・銃弾の生産で一万人を超える従業員を抱えていた日本製鋼所広島工場、昭和一五［一九四〇］年以降は小銃生産を主軸としていた従業員約七〇〇〇人の東洋工業、海軍艦艇や特殊潜航艇の従業員約六〇〇〇人の三菱造船広島工場、同程度の従業員を抱え航空機関係の機器を生産していた三菱重工業広島工作製作所などがあったが、原爆投下や敗戦後の混乱でいずれの工場も被害を受けた。

他方、爆心地から離れていた呉についてみれば、呉海軍工廠やその関連協力工場なども敗戦後の混乱によって大きな転機を迎えた。(*) このうち、呉海軍工廠の設備は非財閥系の播磨造船、尼崎製鉄——後に神戸製鋼所に吸収合併される——、後述のNBC呉によって民需向けに転換され(＊＊)、戦後創業の造船所も増加した。と同時に、造船業の他に、東洋工業の成長によって自動車関連工場が新たな産業として広島県の機械工業に加わることになる。

＊敗戦による軍需の消滅に加えて、戦後の生産再開の大きな問題となっていたのは戦勝国への損害賠償である現物補償、具体的には工作機などの生産財の撤去であった。敗戦翌年の第一次賠償指定—この七ヵ月後に第二次賠償指定も出された—を受けたのは呉海軍工廠、広の海軍航空廠、東洋工業、広島市内の日本製鋼所広島製作所、三菱重工広島工作機械製作所であった。こうした大工場以外では、豊田郡忠海町の忠海兵器製造所、芦名郡広谷村の北川鉄工所、賀茂郡川尻町の日東工業川尻工場、広島市内の倉敷紡績広島工場、東洋製罐広島工場、旭株式会社、羽衣製作所、福山市では第一産業株式会社、日本化薬福山染料工場、などであった。いずれも軍事工場指定部門が対象となっていた。その後、解除指定があり、当初の賠償指定どおりに撤去されたわけではなかったものの、それでも戦後の広島経済にとって工作機械などが賠償対象となったことは大きな足かせであった。

＊＊呉海軍工廠以外の敗戦後の民需転換の実態をみておくと、砲弾関係の日本製鋼所広島製作所は鉄道車両、家庭用各種金物、各種産業機器、農業用機器、鋳鍛工品を、東洋工業は本来の三輪車に加え、自転車、各種工具や削岩機を、北川鉄工所は船舶用・家庭用金物、農機具、木工機械を、三菱重工広島工作機械製作所は食品機器、木工機器、タバコ機器、車輛部品を、日東工業川尻工場は船用機関、繊維機器、農機具などを生産するようになった。造船所については日本の海運業が壊滅状態であり、日常製品である鍋、釜、フライパンなどを船台で作らざるを得ない状況であった。

戦後のこうした動きを『工業統計表』からみておくと、広島県の輸送用機械器具工業の事業所数は、昭和二五［一九五〇］年には三一七（四人以上はこのうち一四一）、昭和四〇［一九六五］年には四二六（同三三七）、昭和五〇［一九七五］年には一一八七（同七二八）と大きく増加した。とりわけ、昭和三〇年代に小さな工場の増加が著しかった。

また、昭和三九［一九六四］年に「工業整備特別地域促進法」(＊)の指定を受けた福山市では、その翌年に日本鋼管が製鉄所――平成一四〔二〇〇二〕年に日本鋼管は川崎製鉄と経営統合しＪＦＥスティール西日本製鉄所となる――を設けることになる。

こうして、広島県は、日本の高度成長期に鉄鋼、造船、自動車の分野で日本を代表する機械金属中心の工業地域へと変貌を遂げていくことになる。

＊工業整備特別地域促進法（昭和三九〔一九六四〕年法律第一四六号）――同法は第一条でその目的を「工業の立地条件がすぐれており、かつ、工業が比較的開発され、投資効果も高いと認められる地域について、工業の基盤となる施設その他の施設を一層整備することにより、その地域における工業の発達を促進し、もつて国土の均衡ある開発発展及び国民経済の発達に資すること」と定めた。具体的な指定地域は、鹿島地区、東駿河湾地区、東三河地区、播磨地区、備後地区、周南地区であった。こうした地区の工業地域整備については、国からの地方税の特別措置、地方債の利子補給などが行われた。

しかしながら、後でふれるように、昭和五〇年代にはそれまで広島の県工業を支えてきた造船業が大きな転換期を迎えることになる。これを象徴するのが、三菱重工業広島事業所が昭和五五〔一九八〇〕年に新造船部門から撤退したことであった。他方、鉄鋼業も、昭和六〇年代半ば以降、円高基調による輸出減で生産調整を余儀なくされていくことになる。

高度成長期の広島県を支えた主力産業であった造船業や鉄鋼業、あるいは自動車産業に代わる新たな産業ということでは、シャープが昭和四二〔一九六七〕年に八本松――現在の東広島市――に最初の地方工場――ラジオ、トランシーバーの生産――を設け、昭和六〇〔一九八五〕年に福山の半導体工場の建設――その後も増設――に着手している。また、シャープは平成一四〔二〇〇二〕年には、三原に半導体レーザー素子などの化学物半導体の工場を操業している。

半導体ということでは、昭和五八〔一九八三〕年の「高度技術工業集積地域開発法」(＊)――いわゆる「テクノポリス」法――によって、中国地方では吉備高原地域（岡山県）や宇部地域（山口県）と並んで、広島中央地域――呉市、竹原市、東広島市、黒瀬町、安芸津町――が指定を受けた。この結果、日本電気が東広島市に進出、平成一一［一九九九］年に設立されたＮＥＣ日立メモリ――後に、エルピーダメモリへ改称――は、三菱電機からＤＲＡＭ事業を譲り受け、生産子会社の広島エルピーダメモリ――後に、エルピーダメモリに吸収合併され、広島工場へ――を東広島に設立している。

＊高度技術工業集積地域開発法（昭和五八［一九八三］年法律第三五号）――同法は第一条でその目的を「工業の集積の程度が著しく高い地域及びその周辺の地域以外の特定の地域について高度技術に立脚した工業開発を促進することにより、当該特定の地域及びその周辺の地域の経済の発達を図り、もつて地域住民の生活の向上と国民経済の均衡ある発展に資すること」と定めた。

だが、資本集約的な半導体や情報通信機器が、それまでの労働集約的な機械組立産業であり雇用創出効果の大きかった造船、さらには成熟産業化した自動車に代わって、果たして広島県の製造業を大きく発展させることができるのかどうか。これは広島経済にとって大きな課題でありつづけている。

こうした問題解決の方向性の一つは、既存産業の一層のハイテク化であると認識されている。たとえば、「高度技術工業集積地域開発法」の後継法として策定された「新事業創出促進法」(＊)によって、東広島市など広島中央地域が平成一二［二〇〇〇］年度には再度地域指定されている。ただし、具体的な政策としては、ハイテク企業振興を念頭においた賃貸オフィス、インキュベータ施設や機器設備への補助といったハード面への支援にとどまっている。

＊新事業創出促進法（平成一〇［一九九八］年法律第一五二号）――第一条はその目的を「技術、人材その他の我が国に蓄積

された産業資源を活用しつつ、創業等、新商品の生産若しくは新役務の提供、事業の方式の改善その他の新たな事業の創出を促進するため、個人による創業及び新たに企業を設立して行う事業並に新たな事業分野の開拓を直接支援するとともに、中小企業者の新技術を利用した事業活動を促進するための措置を講じ、併せて地域の産業資源を有効に活用して地域産業の自律的発展を促す事業環境を整備する措置を講ずることにより、活力ある経済社会を構築すること」と定めた。同法は平成一七［二〇〇五］年に廃止され、平成七［一九九五］年の「中小企業の創造的事業活動の促進に関する臨時措置法」とともに「中小企業の新たな事業活動の促進に関する法律」（旧「中小企業経営革新法」）へ統合された。

広島県中央地域は、「新事業創出促進法」の後継法となった「中小企業の新たな事業活動の促進に関する法律」——いわゆる「中小企業新事業促進法」——で、他地域とともに指定を受けている。他地域とは、広島地域——広島市、大竹市、廿日市市、安芸高田市、府中町、海田町、熊野町、坂町——、備後地域——三原市、尾道市、福山市、府中市——、備北地域——三次市、庄原市——であり、広島県下全地域といういわゆるバラまき的な印象も受ける。助成措置ということでは、以前と同様に賃貸オフィスやインキュベータ施設の整備への補助金が中心である。問題は、既存産業のハイテク化あるいは新たなハイテク産業が、産業転換を支える新規企業群の施設整備によって生まれるかどうかであるが、現在のところ、そうした産業群を支える担い手像が、支援政策からは必ずしも鮮明に見えてこない。

戦後、広島の軍需産業から民需産業への転換において大きな役割を果たしたのは、軍需関連事業分野からのスピンオフ者たちであった。今後、戦後広島の代表的製造業となった造船、自動車、さらには電機・電子機器分野から、新たなスピンオフの動きがあるのかどうかが問われている。

一般に政策は、実態そのものを融資や税制特典等の制度を創設することで加速させることはできても、自ら積極的にリスクを取り新たな事業を起こそうとする起業家層の堆積を促すことにはなかなか結びつかないのである。起業の初期条件は、つねに個人の自主的な取り組みに深く関連してきた。少なくとも、各国における産業史を企業史家から読み解けば、それは既存企業からのスピンオフ史でもある。わが国の現状から注視すべき課題は、大企業や中堅企業などからのスピンオフ人材がもつべきポテンシャルが低下していることではあるまいか。

第二章　産業発展からの視点

産業構造の特徴

前章で、広島の軍事都市あるいは軍産都市としての発展経緯についてはすでに紹介した。だが、広島に民需分野の産業が全く起こらなかったわけではない。江戸期から明治期にかけての産業の連続性あるいは継承性ということでは、財政確立に苦しんだ明治政府が、綿作が盛んであった広島に注目し、旧広島藩士の士族授産事業の意味合いを強く持たせた官営広島紡績所の建設を計画し、紆余曲折の末、明治一五［一八八二］年に完成させている。翌年には第二工場も完成したが、動力源であった水力の出力が当初の計画通りに進まなかったこともあり、第一工場を水力と蒸気力を併用するために別工場へと移転させ、実質上は明治二二［一八八九］年になってようやく操業が開始された。しかし、広島紡績所は経営的に行き詰まり、最終的には民間の実業家に払い下げられている。

他方、福山では素封家たちによって福山紡績会社が明治二六［一八九三］年に設立された。福山紡績はその十年後に大阪の福島紡績会社の支配下に入り、明治後半から大きく伸び始め、第二工場も建設され、大正期には広島県最大の工場となっている。

明治二三［一八九〇］年に「商業会議所条例」が公布されたことを契機に、広島県でも商業会議所設立の機運が高まった。江戸期から綿商と醤油醸造業を家業としていた桐原恒三郎（一八五四～一九一四）等が中心的指導者となって設立運動が始まり、二〇人の発起人が選ばれている。この発起人たちの構成について、田辺良平は『広島を元気にした男たち―明治・大正期の財界人群像―』で「一見して綿・呉服商が多いことがうかがえる。当時の広島市では呉服商が大きなウエイトを占めていたことの証左であろうし、綿商を営んでいた桐原とのつながりによるものと思われる」と分析する。

発起人たちの具体的な構成は、呉服商―五人、綿商（醸造業との兼業を含む）―四人、米穀商（肥料商との兼業を含む）―二人、金物・鉄商―二人、回漕業、肥料商、藍商、和唐端物商、乾物商、薬種染物商でそれぞれ一人ずつであった。こうしてみると、呉服、綿、和唐端物などを含めた繊維関係の業者が全体の約半分を占めていることがわかる。この人的構成は当時の広島県の産業構造の姿をそのまま象徴的に示しているといってよい。他方、工業関係に著目すれば、商業会議所ということもあろうが、商業者と比べて醤油や酒造関係は二人と極めて少ない。

ところで、広島を代表してきた伝統的工業――むろん家内工業のレベルであったが――は造船業である。古くは呉市の倉橋島――長門島――に新羅式の造船技術が導入され、その後、中国式の造船技術が導入され遣唐使船が建造された。広島にとって造船業は古い歴史をもつ地場産業であったのである。

遣唐使船については、倉橋島周辺で一八隻が建造されたといわれている。また、豊臣秀吉の時代には軍船

——安宅船——なども建造されていた。江戸期には、いわゆる千石船——菱垣廻船など——や各藩のお召船などが盛んに建造された。その後、明治期になり、和船——弁財型船——については五〇〇石以上の建造が禁止されたことから、地元の船大工たちは木造帆船、機帆船や小型鋼船の建造へと転換していくことになる。

彼らの中には、小型鋼船の中小造船業者と、最初から一定規模の鋼船を手掛けた造船業者がいた。大崎上島——広島県竹原市の対岸——の木江町を中心とする辺りには、倉橋島と同様に中小造船業が多く立地した。木江の造船は江戸期から和船の修理や建造を手掛け、明治以降も木造船を中心に、帆船、機帆船、小型鋼船へ転換していっている。とりわけ、木江町の明石には、マキハダ(*)——和船の板と板の接合部分に海水が浸入するのを防ぐためのパッキング材——の工場があり、原料であった檜の荒皮を奈良や岐阜などから調達して加工し、ここから日本各地の船大工にマキハダが提供されていた。

*マキハダ(槙皮・槙肌)——マイハダとも呼ばれた。檜(ヒノキ)や槙(マキ)の内皮を剥ぎ、それを砕いて柔らかな繊維を取り出し、和船だけではなく、桶などの水回りの日常品の水漏れを防ぐために、合せ目や継ぎ目に詰めたのである。

また、大崎上島の明石港の近くの沖浦には、船釘産地があり、ここから全国に船釘が送り出されていた。大崎上島は高度成長期にファイバー強化プラスチック製の和船——形状だけ——が主流になるまで、わが国でも有数の造船産地であり、日本の和船工業を支えた原料・部品の産地であった。いまの用語でいえば、大崎上島には造船クラスターが形成されていたといってよいであろう。

中国新聞社編『芸南地方・瀬戸の島』(昭和五三[一九七八]年刊)は、こうした木江の造船業についてつぎのようにいきいきと描写している。

「造船は、木造船—帆船—機帆船—小型鋼船に移り変わり、日清、日露、一次大戦、二次大戦の戦時中は木造船で栄え、戦後はパニックが起こっているなかでも大正七年は港内に二十工場があり、千トンクラスの木造船四十隻を建造し『黄金の島』とうたわれた。ロンドンタイムスに広告を掲載した造船所があったほど。

昭和十一年、船大工十三人をマレー半島コタバルに派遣し、一躍世界に名をなした。長かった木造船から小型鋼船に切り替わったのは『おちょろ舟』(*)の灯が消えた二十三年ごろ。いまは七造船所で五千五百トン船台をはじめ、二千トンから五百トン未満の計十二隻船台と修理用ドック二船台がある。

船の種類は貨客フェリー、貨物船、タンカー、砂利運搬船、冷凍船などバラエティーに富む。時代の要請で造船所の協業化が進められ、明石地区に造船団地の建設が計画されていた。」

＊おちょろ船――お女郎（遊女）船のことを指す。大崎下島の御手洗には江戸期から遊郭――いまも建物は現存している――があり、北前船などが潮待ちや風待ちなどで停泊した際に、遊女を船に運んだ小舟のこと。

時代の変遷とともに和船の後に登場した近代造船については、木江地区だけではなく、因島でも発展していくことになる。因島での造船業の発展については、因島船渠株式会社――前身は土生船渠合資会社――や備後船渠株式会社が大きな役割を果たした。

しかし、地元資本だけによる発展には大きな制約もあり、因島船渠株式会社は日露戦争後の不況で、大阪鉄工所に買収され、同社の因島工場となった。その前身の土生船渠合資会社もまた神戸の鈴木商店によって買収されたあと、さらに大阪鉄工所に売却されている。備後船渠株式会社は明治三四［一九〇一］年に設立されたものの、大正八［一九一九］年に大阪鉄工所に買収された。

ほかに、広島市南部の宇品には明治二七［一八九四］年に宇品黒川鉄工所が、広島県南東部の三原には能地船渠株式会社が、新たに設立された。尾道では大正二［一九一三］年に水野船渠造船所――後に向島船渠株式会社――が設立されたが、同社はのちに大阪鉄工所に買収され、こうして、大阪鉄工所は尾道から因島にかけて造船業を拡大させていくことになる。現在、中手造船所となっている常石造船株式会社は大正六［一九一七］年に福山沼隈町に塩浜造船所として設立されている。

広島県における造船業の発達はやがて鍛造品、船舶関連機器・部品などの関連企業を生み出した。たとえば、昭和一〇［一九三五］年に呉の阿賀町に設立された奥原工作所――現在の寿工業株式会社――は鍛造品を手掛けている。前章で取り上げた呉・広海軍工廠との関係では、昭和一三［一九三八］年に新興金属工業所――株式会社シンコー――が設立され、後に船舶用ポンプメーカーとして世界的に知られることになる。

昭和一〇年代には、後でもふれるが海軍指定の大型上陸用舟艇の専門工場として神田造船鉄工所が設立されている。同社は戦後、修繕や船舶部品製造から新造船分野へと進出している。また、第二次大戦の戦時体制下にあって船舶需要が急増するなかで、海軍は既存の中小造船所だけではなく、三菱重工など大手造船所に対して造船所の新設を求めた。そのため、それまで長崎などを拠点とした三菱重工は、すでに造機工場用地を確保していた広島に昭和一八［一九四三］年に広島造船所を設けている。なお、同じ時期、日立製作所の翼下に入っていた大阪鉄工所は日立造船株式会社と改称されている。

さて、前述の木江地区などの大崎上島の造船業については、前章で紹介した望月圭介の実家で、廻船業と造船業を営んでいた父の時代に、広島県で最初に「西洋式船舶」の建造に乗り組んだとされる。『望月圭介伝』には、当時を良く知る古老の望月吉太郎談（昭和一六［一九四一］年六月二五日談）として、その経緯がつぎのように紹介されている。

「広島県で最初の西洋式の船は、望月家の厳島丸でしたが、これは一本柱で、大きさは千五百石でした。この船が竣工しました時は、広島から知事が来た程で、本州から多くの見物人が矢弓に来ました。此処彼処に市が立つほどの盛観でした。この船は獵虎を獲るために造ったもので、北陸から北海道の方を廻っていました。この船は経済的には一向に儲かりませんでした。この船が六ヶ月間も氷に閉じ込められたことがありましたが、あんまり算盤に合わぬためか、明治二十三年頃には、東京から八丈島に通っていました。」

望月伝の編集者は、圭介の末弟の乙也(*)にも事実経緯を確かめている。乙也は、それまで千石船など和船建造の経験しかなかった父親の西洋船建造についてつぎのように回顧している（昭和一六［一九四一］年四月三〇日談）。

「県下で西洋型の船を造ったのは、父が開山であったと思います。それは明治十五年頃であったと思いますが、大変金をいれたようです。この船が出来ました時は、県からも人が来て進水式を挙行しました。しかしこの船に父は失敗しました。と申しますのは、その船を朝鮮の方へ廻しましたら、結氷に閉じ込められて、長い間動けなくなりました。其後二十年ごろだったと思いますが、合子型の船が出来ましたが、それは帆だけがスクーナー型でした。これも父が最初であったと思います。」

＊乙也は長兄俊吉の没後、望月家の家業を継ぎ、東野村村長、広島県議会議員、県会議長を歴任した。望月伝の編集者は、望月家の造船業について「その後大正六年頃まで、乙也氏が造船事業をやっておられました。大概の人々が造船業に失敗した中に、乙也氏のみに大した損はなかったようです。尤もその頃には自家の運送業の為に造船するのではなく、専ら得るためでした」と望月家をよく知る古老の出口亀太郎の談話（昭和一七［一九四二］年三月二九日談）を紹介している。望月圭介伝刊行会編『望月圭介伝』羽田書店（一九四五年）。

望月乙也の回顧談は、民間業者についての和船から西洋型帆船への移行をめぐる興味あるエピソードである。これは単に技術面での積極性だけではなく、新たな取組みに対する企業家精神の在り処を知る上でわたしたちの関心を引く。

さて、尾道については、前章でもふれたが、中世から港湾都市として発達してきた経緯がある。江戸期には北前船の寄港地とその物流港湾としてさらに発展を遂げた。明治になってからも、瀬戸内海航路の大阪・神戸と四国を結ぶ有力な寄港地となり、対岸の因島とともに造船業も発達していくことになる。

前述の土生船渠は明治二九［一八九六］年の創業であり、因島の船大工たちが協力し出資して設立した造船所であった。備後船渠の設立はその五年後で、向島には明治三九［一九〇六］年に松葉船渠が設立された。

尾道の造船業が本格的に発展するのは、第一次大戦下の船舶不足の時代であり、大阪鉄工所因島工場は造船量で日本を代表する造船所となった。尾道周辺には大正時代に新たに設立され、拡張した造船所も見られる。向島には大正二［一九一三］年に水野船渠——のちに尾道造船の前身の向島船渠に買収——が、尾道の南西部に位置する瀬戸田には大正四［一九一五］年に山陽造船が創業している。

その後、昭和四［一九二九］年には杉原鉄工所、昭和一一［一九三六］年には千年船渠、昭和一五［一九四〇］年には瀬戸田船渠などが生まれたが、戦時下の企業合同などで尾道の造船業も整理再編が行われることになり、物資不足のなかで終戦を迎えている。尾道造船業に再び、活気が戻るのは戦後のことである。

このように広島沿岸部や島嶼部など瀬戸内海沿岸に造船業が発展していったのは瀬戸内地域の温暖・寡雨といった気象条件、海況の安定性、地盤の堅固さ、良港の存在といった自然条件と造船技術をもつ人材の蓄積、さらには従来から海上交通の結節点にあたり、船舶の修理にとってきわめて便利な空間配置——造船クラスター——となっていたことがある。

先にみた、木江の造船業についての紹介文は、中国新聞の記者が昭和四九〔一九七四〕年から昭和五一〔一九七六〕年にかけて取材し、『中国新聞』呉地方版に掲載されたものである。当時は、石油ショック後の影響、とりわけ、大型タンカーなどの大幅需要減がまだ本格的には顕在化しておらず、このため、記事の行間に当時の造船業界の明るさ——好況ぶり——が反映されている。

当時の様子を統計数字で確かめておこう。昭和五三〔一九七八〕年前後の瀬戸内海地域の各海運局がまとめた資料などをみると、中国新聞が報じた大崎上島の木江町については、木造船専業の九造船所に加え、鋼造船（木造船兼業を含む。以下、同様）の造船所が二七あったと報告されている。広島県下の他地域では、尾道で木造船専業が五造船所、鋼造船が四一造船所、因島では五造船所と一八造船所、呉では九造船所と二七造船所、広島市では六造船所と一三造船所となっていた。

対象範囲を中国地域全体に広げれば、岡山県の玉野と水島の両地域で木造船が八造船所、鋼造船が二六造船所、山口県の徳山、宇部と下関の三地域で三〇造船所と五四造船所を数えていた。また、近畿全体では木造船と鋼造船が合計で一五六造船所、四国では一三八造船所、九州では四九造船所であった。中国地域の造船所は数の上で全国の四割以上を占め、その半数以上が広島県に集中していたのである。

ここで、造船業だけではなく、広島県の機械金属産業全般の発展を歴史的に見ておく必要がある。なかでも、昭和初期からの三輪車——三輪トラック——製造が広島経済に及ぼした影響は重要で、特に東洋工業の設立が大きかった。同社は昭和六〔一九三一〕年に最初の三輪車を市場に送り出しており、当時の月生産台数は六〇台前後であった。昭和一二〔一九三七〕年には月産三〇〇台を達成するが、戦時経済下のさまざまな制約から減産を余儀なくされ、昭和一八［一九四三］年一〇月に生産中止に追い込まれている。

元々、東洋工業は大正九［一九二〇］年に東洋コルク工業株式会社として、当時の広島財界の重鎮であった海塚新八――二代目――たちによって設立された。その後、海塚の病気辞任で松田重次郎（一八七五〜一九五二）が同社を継承し東洋工業株式会社と改称した。松田は地元広島の出身で、呉海軍工廠などで造船技術を習得し、ポンプ製造の鉄工所を大阪で創業していた。

大阪から戻った松田は当初、呉海軍工廠の下請工場として航空機エンジンの部品製造に乗り出すが、その後、三輪車の分野に進出した。だが、松田自身にはエンジン製造の直接的経験や技術蓄積はなく、英国製の二輪車エンジンの模倣――コピー生産――からはじめ、昭和五［一九三〇］年に試作車を完成させ、以後、頻繁に改良を繰り返していった。松田に見られるこうした歩み、すなわち、官営工業での技術取得とそこからのスピンオフ、海外製品のリバースエンジニアリング（＊）と模倣的試作から独自製品への技術蓄積という流れは、わが国機械産業発展の一つの典型的な経路でもあった。

＊リバースエンジニアリング――機械などの製品を分解して、その仕組みなどを観察・分析し、その動作原理や製造方法などを明らかにし、同様のあるいはそれ以上の品質の製品設計や新製品開発などに生かす一つの工学的手法のことである。

当時、三輪車製造に乗り出していたのは東洋工業だけではなかった。たとえば、広島県下には、松田と同様に呉海軍工廠で鋳物工や機械工として働いた経験をもつ宍戸兄弟が、大正一三［一九二四］年に創業した宍戸オートバイがあった。宍戸オートバイはエンジンを自製して、二輪車と三輪車を生産していた。広島の機械工業発展の担い手をみた場合、松田も宍戸も海軍工廠で働いた経験をもっていたことは注目される。

広島県以外では東京、大阪や神戸で、エンジンを自製、あるいは輸入したエンジンに改良を加えた二輪・

三輪メーカーが増えつつあった。後に四輪車メーカーへと脱皮する企業には発動機製造——ダイハツ工業——があった。このほかにも、日新自動車（大正一〇［一九二一］年設立）、陸王内燃機（大正一四［一九二五］年設立）、山合製作所（昭和元［一九二六］年設立）、兵庫モータース（同上）、水野鉄工所（同上）、旭日本内燃機（昭和三［一九二八］年設立）、内燃機（昭和一〇［一九三五］年設立）などがあった。

こうした三輪車メーカー増加の背景には、道幅の狭い日本の道路事情や免許なしに乗れるという制度上の便利さに加え、当時、普及しつつあった四輪トラックと比べて、三輪車が格安であったことがあった。さらに、中小企業、とりわけ、従来の自転車による運搬の非効率性や制約性に苦慮していた中小商店などの潜在需要があった。

また、供給側からみると、三輪車製造業への新規参入条件——資本障壁や技術障壁——はさほど高くはなかった。このため、東洋工業や発動機製造のような大規模企業に交って小規模企業が乱立していた。よって、三輪車市場では激しい価格競争が展開され、結果、街の商店にとっても手ごろな購入価格となっていたのである。

技術には自信をもっていたが、販路開拓に苦戦した東洋工業は当初、三菱商事と販売提携していたが——燃料タンクに三菱のエンブレムがあったのはそのためであった——、三輪車の普及と知名度の浸透により昭和一〇年代から東京、名古屋、大阪に出張所を設けて自社販売を強化していった。こうした直接販売活動の強化も当時の厳しい販売競争を背景にしていた。

その後、三輪車の販売競争は、エンジンの大型化と積載荷物の拡大をめぐる技術競争——非価格競争——となり、馬力数の向上のために単気筒エンジンではなく、二気筒エンジンに乗り出すところも出てきた。だが、東洋工業は製造コストの点で単気筒の限界である六五〇CCエンジンにあくまでもこだわり、結果として販売シェアで優位に立っていた。

敗戦後、東洋工業が生産を再開するのは昭和二〇[一九四五]年末と、きわめて早期であった。昭和二三[一九四八]年末には月産五〇〇台が達成された。東洋工業の三輪車の生産台数は、年産では戦前は昭和一二[一九三七]年あたりの約三〇〇〇台がピークであり、戦後については昭和三六[一九六一]年の約四・六万台がピークであった。

戦後は、一方で三輪車の大型化という流れがあり、他方で三輪車から四輪車への移行という流れがあった。この流れは技術的にも、また道路事情的にも必然であった。戦前期の道幅も狭く舗装もされていない道路事情では、小型トラックといえども、工場街や商店街を走行することは困難かつ危険であった。小さな三輪車という輸送手段はそのような道路事情に合致し、独自の発達を遂げたのであるが、積載荷物の増加に対応するための車体の大型化、エンジン自体の大型化が必要となり、また、道路事情が改善され――道幅の拡張とアスファルト舗装など――高速走行が可能になると、三輪は四輪と比べて走行上の安全性において劣ることが明らかになっていった。

東洋工業は昭和二五[一九五〇]年に空冷二気筒三二馬力エンジン――排気量一一五七CC――を積んだ三輪一トン車を発売した。さらに、昭和二七[一九五二]年には三八・四馬力に増やした二トン車、昭和二九[一九五四]年には四二馬力の二トン車へと生産の主力を移していった。しかし、東洋工業の技術者たちは三輪車の将来性について大きな限界も感じていた。この間も、東洋工業は工作機械のほか、トランスファーマシンなどへ積極的な投資を行い、組立ラインを拡張し、雇用者数を急増させた。問題はそのような大型設備で何をつくるかであった。

製造面と技術面の充実は、東洋工業にとって四輪トラックと軽乗用車の分野へ進出する布石ともなっていた。東洋工業は昭和三〇年代半ばから小型四輪トラックと軽乗用車の生産に乗り出すことになる。この動きを従業員数の変化からみておくと、昭和三〇〔一九五五〕年――以下、いずれも一〇月時点――の従業員数は合計で三九一七名で、本社員――正規従業員――の比率は七一％であり、二九％は臨時工――非正規従業員――であった。昭和三六〔一九六一〕年では、従業員数は一万名を超え、本社員の比率は四八％へと低下している。これは、もっぱら組立工程を中心に臨時工や季節工を雇って対応していた結果であった。

いうまでもなく、造船業と同様に、自動車工業の生産構造は、機械加工、プレス加工、溶接、塗装などの下請工場に大きく依存する裾野の広いものである。下請取引関係は、東洋工業と直接取引する第一次下請だけに限らず、以下、第二次下請や第三次下請というように多層にわたる。こうした階層的な構造が広島県の内外で形成されつつあったのである。

これら下請工場については、(社) 中国地方調査会が昭和三七〔一九六二〕年に発表した『広島呉地帯・金属機械工場実態調査報告書―自動車車体部品の下請生産機構―』の、下請企業三八社に関するデータが参考になる。同資料から広島県の自動車関連産業の当時の状況を概観しておこう。

東洋工業関連の下請企業の設立年についてみれば、戦前期の創業は全体のわずか一〇％ほどで、ほとんどの下請は戦後創業の企業群である。戦前創業企業には、呉海軍工廠などの下請加工業者として創業したところも多い。戦後創業企業では、ちょうど半分が昭和三〇年代の創業であり、東洋工業の急成長とともに創業した下請企業が多かったことが理解できよう。

下請の階層別では、第一次下請企業は全体の二一％で、昭和二〇年代の創業企業がもっとも多い。一方で、第二次・第三次下請企業には昭和三〇年代創業組が比較的多く、当然、取引開始において東洋工業との直接取引は困難であり、まずは第一次下請企業などからの受注が主であったことがわかる。

下請階層構造と従業員規模との関係は、複数加工を受け持っている第一次下請企業では一〇〇〇人をこえる中堅企業もみられるが、プレスや溶接などに特化している第三次下請企業ではいずれも三〇人未満で、なかには三人以下の家内工業的な零細工場も含まれている。

そうした下請企業の規模の変化についてみると、昭和二〇年代に東洋工業と取引を開始し、東洋工業の急成長に呼応して、自らも従業員や設備を拡大させ成長した企業が多くなっている。いずれの下請企業も東洋工業の急成長を支えるようなかたちで、その企業規模を拡大させていったのである。

調査対象となった下請企業のうち、全体の四〇％強は創業当時から東洋工業と取引を始めているが、そのほかの下請企業については他の工業分野から参入してきていることは注目される。分野別でみれば、家具建具金物、石油コンロ、毛糸編機、軽便剃刀、精米麦機部品、海苔缶などであり、いずれもプレス加工や機械加工に関連する分野からの新規参入であった。

前掲の中国地方調査会の『報告書』はこうした傾向について「調査工場の殆どすべてが、最近一〇年間に東洋工業の車体部品の下請け生産系列に編入され、しかもその半数以上は最近の三年間に系列に入っていることが明らかになったのであるが、それらの工場における車体部品の下請け生産への傾斜……東洋工業一社のみを元方とする一次下請けの総合企業を別格とすれば、他は、各下請段階を通じて、プレス専業企業は元方の数が比較的に多く、他方、溶接組立の専業企業ではそれが少ないことが特徴とみなされる」と指摘した。

これは何も東洋工業だけに見られた特徴ではなく、大阪府下の機械工業などにも見られ、当時の多くの日本の加工組立産業に共通していた。

なお、下請企業の経営者については、全体の五三％が以前も機械金属関連の工場で働いた経験をもっている。こうした傾向は、当時は新興産業であった自動車産業へ新規に参入する上の技術障壁を考えれば当然でもある。一方、軍人の経歴をもつ経営者が一三％もいた。また、技術者から転じた経営者が八％であった。工場勤務経験をもつ経営者のうち六〇％が町工場から、二〇％が東洋工業から、一〇％が大規模工場から、一〇％が海軍工廠からスピンオフしてそれぞれ独立している。当時の創業者のキャリアパスの実態をここから知ることができる。

他方、そうした下請企業で働く従業員の雇用形態については、つぎのように報告されている。

(一)本工の比率が高い職種――仕上工、プレス工、検査工。
(二)臨時工の比率が高い職種――組立工、研磨工、その他雑工。
(三)本工と臨時工がほぼ同比率の職種――機械工、溶接工、板金工、進行記録工、運搬工、電気工。

これら経験工のキャリアパスについてみれば、二五～三〇歳未満の場合、大手造船所の下請工場や東洋工業の下請工場の溶接工、一般機械の中小組立修理工場、島嶼部船用焼玉エンジン工場の仕上げ工から転職した人たちが多かった。四〇歳以上の場合では、呉海軍工廠、中小工場の機械工からの転職組が多くなっている。残念ながら、このデータのサンプル数はそう多くなく、調査対象とならなかった下請企業にどの程度共通するのかについては疑問が残る。しかしながら、昭和三〇年代以降の需要拡大によって造船下請工場が潤ったとはいえ、需要変動の多い造船業界から、わが国のモータリゼーションの高まりと相俟って急成長を遂げつつあった自動車関連工場へ転職することは、職の安定をはかるうえからも十二分に魅力的であったに違いない。

また、逆に造船需要の高まりによって、自動車下請企業から熟練度の高い本工を求めていた大手造船所などへ転職した人たちも見られていた。これは、両産業に必要とされた技能や技術がある程度共通しており、その時々の需要変動に応じて、より有利なキャリアパスを求める動きがあったことを示している。

前掲の『報告書』の調査対象企業の退職者のうち昭和三五［一九六〇］年以前に採用された一八名の場合、転職先がきちんと判明している者のほとんどは二〇歳代であった。そのうち三菱造船広島精器へ二名、呉造船へ一名——ただし、臨時工へ——、国鉄広島工場へ四名となっている。転職の主たる理由については、「大企業の知名度と結婚条件の改善」、「（給与）条件が悪くとも今のままでは安定性がない」となっている。

ここで興味を引くのは一八名のうち、七名が東洋工業の総合一次下請企業で働いた経験をもっていたことである。この総合一次下請企業は従業員数三〇〇名を超える中堅企業であり、給与面からすれば、大企業や大工場へと移動するよりもよさそうなものであるが、大企業のもつ「安定性」——終身雇用イメージ——や「世間体」——結婚条件イメージ——が大きな転職動機となったようである。

また、前掲の『報告書』に依れば、溶接組立の二次下請の中位クラス工場で採用されたのは四〇名であったが、他方、退職者が三〇名となっていた。当時は、東洋工業が軽四輪トラックの増産に忙しい時期で、当然、下請企業もその対応に追われ、いわゆる猫の手も借りたいような時代であったにもかかわらず、である。

この背景には、より高い給与水準を求める人の流れがあった。東洋工業からの増産要請のなかで、人手不足に苦慮していた経営者は「片っ端から辞めていくのを覚悟の上でどんどん採用」していたのであり、結果として三〇歳代後半から五〇歳までの中年素人工を採用しており、なかには「二〜三ヵ月工場に通って、仕事のコツを覚えるとサッサと辞めてゆき、こんどはより条件のいい下請け工場に出向いて、〝ひとかどの職人〟であることを売物にする」者が多かったという。このような「実態」は当時、広島のみならず、トヨタ自動車のある愛知県下でも労働市場のひっ迫感が強く、より高い工賃を求めて移動する工員たちは多かった。日本にも、アジアの新興国の転職状況と同じような時期があったのである。

このように、造船業と自動車産業という機械金属加工を中心とした加工組立産業の交差と成長が、広島県全体の産業構造を大きく変えていくことになる。

造船産業の攻防

わたしの手元に厚生省勤労局監修・厚生研究会『造船工場読本』がある。出版年は昭和一八〔一九四三〕年末であり、日本は米国との本格的軍事衝突のなかで船舶の消耗——敵型艦船（潜水艦）による轟沈など——が激しくなり、その増産に躍起になっていた時期であった。

このシリーズは『工場読本叢書』の一冊として発行された。すでに『機械工場読本』、『航空機工場読本』が出版され、ついで『自動車工場読本』や『電機工場読本』も出版された。出版元の新紀元社の巻末案内には、「本書を技能者養成所並びに工場青年学校教科書として御使用の向きは『通報書』をお送りください」とあり、時代性を感じさせる。

当時、新紀元社からは「真底から技術を愛した技術者の権化ともいふべき人の記録である。その一生を通じての生活など断片を拾ってみても、必ずや諸君を讃嘆せしめずにはおかないであろう。そして創意と工夫に満ちた彼の生活に、諸君は奮ひ起つ何物かを感得するに違ひない」というキャッチコピーの『職場の偉人―小林朔太郎伝―』という書物も発行していた。「一億一心火の玉となっていた」戦時下で軍事生産力の拡大の役割を担うべき「産業戦士」の養成テキストが、このようなかたちで出版されていたのである。『造船工業読本』の「はしがき」は「読本」の狙いをつぎのように述べている。

「南方圏から……軍事資材を円滑に内地へ運ぶということが、刻下の最大問題となってきた……情勢の只中にあって、職を造船工場に奉ずる行員の任務の如何に重且大である……諸君がこの期待に答へるためには、単なる熱意だけでは足らず、綿密な工夫研究を以つて技術の向上を図り、敵に優る製品と生産能率を示さねばならぬ。更にそのためには、造船の全工程について一通りの知識を修め、造船工場の機構を知り、自己に与へられた職種の使命を根本から理解し、受持作業の隅々まで技術的に知りつくすことが必要である。本書は主として青少年行員諸君を対象として、そうした基礎知識を提供することを第一の任務とし、更に作業上、生活上の細かい注意まで用意した。……この生産戦を勝抜く上に基礎的な貢献をなし得れば、ひとり編者のみの光栄ではない。」

『造船工場読本』は、「造船の歴史」から始まり、「船の種類」、「貨物船の設計上の特徴」、「船体の構造」、「造船工場の設備」、「建造の段階」、「造船作業」までをわずか一八〇ページあまりにきわめて要領よく取りまとめている。このように造船業の技術、製造などがコンパクトにまとめられていたこと自体が、わが国の戦前における造船業の水準の高さを物語ってもいる。

物資の消耗戦となっていた戦争下で、日本に物資を運ぶ貨物船の増産は焦眉の急となっており、航空機とならんで水準の高い作業者を必要としていた。反面、熟練工の数は徴兵の増加で少なくなり、学生などの勤労奉仕を含めた未熟連工への短期間内での技能教育が重要となっていた。そうした時期に、造船に関する基礎技術やその製造過程についての解説書であった『造船工業読本』が刊行された。本の最後に、造船工場従業員の心得として「皇国勤労観に徹せよ」と強調しているのが、当時の時代光景を感じさせる。技術面では、溶接が取り上げられ、「電気溶接は新興技術であって、軟鋼の場合にはいいが特殊鋼ではどうもうまくいかないといふやうな欠点がある。しかし水密が完全にできるとか鋲その他の資材を大いに節約できるとか非常な長所をもっているのであるから、溶接技術に従事するものは大いに創意工夫につとめてこの新興技術を育て上げるように努力したいものである」とふれられており、戦後の溶接技術の普及を示唆する内容になっている。

ただし、当時、鉄板などの品質の不安定なことなどから溶接技術の応用はまだ一部の船舶にとどまった。(*) 実際上は、リベット（鋲）内の船体建造よりも電気溶接の生産性の方が高かったのであるが、すべてを溶接に切り替えることは技術的にまだまだ困難であった。とはいえ、この時期の経験が戦後に活かされていくことになる。

＊当時の溶接技術やブロック工法については、ドイツでは潜水艦建造などですでに利用されていた。Uボート潜水艦の艦長の経験をもつペーター・クレーマーは『Uボート・コマンダー―潜水艦戦を生き抜いた男―』で、消耗が激しい中で新型Uボート建造が急がれたドイツでは迅速な建造方式としてブロック工法が採用されていたことにふれている。「すべて各区画ごとに建造されたのである。今日、ブロック建造があたりまえの方式であり、とりわけ大型船はこれによっている。当時はアメリカが、リバティー型やヴィクトリア型の船をこの方式で建造していた。……（新型Uボートは―引用者注）八つの区画にわけられ、最優先でブロック建造されていた。……ハンブルク、ブレーメンそしてダンツィヒの大規模な最終組立造船所で、各区画は溶接され――こうしてUボートが完成した。」

日本の場合は、昭和一〇［一九三五］年に起こったいわゆる「第四艦隊事件」でその利用については慎重になった。この事件は演習に参加していた第四艦隊の溶接艦が台風下の津軽海峡通過中に大きな損傷を受けた事件であった。実際には、溶接の原因だけではなく、船体設計上の強度不足が重なったことも原因であったといわれる。これ以降、電気溶接についてはその利用箇所が制限される結果となった。当時の日本の技術事情を知る上で興味を引くのは、海軍の潜水艦ではなく、陸軍の潜水艦――潜航輸送艇――建造でむしろ電気溶接が利用されたことである。元新聞記者の土井全二郎は『陸軍潜水艦――潜航輸送艇の記録――』で、当時の関係者への聞き取りを重ね、陸軍の潜水艦建造の実態を明らかにしている。土井は同書で陸軍第七技術研究所の塩見文作技術中佐が、民間で潜水艇建造の実績をもつ深海研究所長の西村一松の協力を得て、「リベットジョイント部を極力少なくし、必要欠くべからずところだけにとどめる。耐圧殻はいうにおよばず、外殻その他ほとんどの大部分を溶接する」方針を打ち出し、実行した事実を紹介した上で、「当時、海軍は船体の強度を損なうとした電気溶接工法を敬遠する傾向にあった。溶接や溶接資材が今日ほど発達していなかったこともあって、造艦上の常識として『溶接は危ない』といわれていた。……（陸軍潜水艦の場合―引用者注）、機関車やボイラー製造工場が建造現場である。大きなドックを備えた海軍工廠や造船所とはわけが違う。そこで、陸上で艇体を三ブロックに分けてつくっている。各ブロックを溶接で仕上げ、それぞれに内部構造物を据えつけた。……この工法は重量軽減と工期短縮が計られるうえ、量産体制に向いていた。塩見少佐らのねらいも、ここらあたりにあったものとおもわれる」と指摘している。船造りで素人であった陸軍技術者の方が電気溶接利用に積極的であったことは非常に興味深いことである。

また同書では、造船能率を上げるために、政府の計画造船政策による戦時標準型――貨物船や油槽船だけではなく、漁船なども含め――が決定され、造船所は船台などの施設や設備の能力に合致した一種類か二種類の標準型に特化すべきことも強調されていた。こうした計画造船政策は戦後も継承されることになる。なお、戦後、一般的になりわが国造船業の生産性を短期間に引き上げることになった「ブロック工法」（＊）についてはまだなにもふれられていない。

＊ブロック工法（ブロック建造法）――船舶建造の際に、船体をいくつかの部分に分割した「ブロック」を先に製造し、そ

れらを組み立てて完成させる建造法である。

ところで、日本の金属加工業の系譜には、およそ二つの流れがあったといってよい。一つは野鍛冶のように農作業に必要な農機具の加工から派生した、いわば地域的——ローカル——需要とその関連市場から派生したものである。もう一つは近代産業の導入によって機械やその部品の加工が必要となり、近代工場が立地していた都市圏やその周辺に起こったものである。

造船業においても、和船の製造は、漁業や物資運搬の需要や市場があった各地で、その地形や用途などに応じて行われた。とりわけ、漁船についてはきわめて地域性が強く、その仕様——外観も含め——は多岐にわたった。他方、内燃機関などを動力とした木造船や鋼船は、当初はもっぱら海軍艦船や財閥系海運会社の需要を中心に起こった。近代造船についてみれば、戦前、戦中の日本の造船業はこうした需要の下である程度の発達を遂げていたのである。

戦前来の鋼船などの造船所はその後、日本を代表する大手造船企業となり現在に至っている。企業規模——造船業の場合は、建造設備能力という基準において——からいえば、和船は小規模かつ家内工業型の造船業者であり、鋼船などは大規模な設備を有する近代工業型の造船業者である。そして、その中間の中小造船業者もまた存在している。こうした造船業の生産体系についてはつぎのような特徴がある。

(一)受注生産を基調した生産体系——船舶にはある種の標準船があるが、その用途や用船によって注文主の細かい仕様が設計や生産に生かされる余地が大きい。

(二)資本集約的かつ労働集約的な生産体系——造船にはドックやクレーンなど巨額の初期費用を要する生産設備が必要である。と同時に、機械化が困難であり、技能が要求される手作業も依然として不可欠である。

(三)加工組立型の生産体系——船舶は多様な材料や部品を必要とし、また、機械、建築、電気機器などに関わる広範な技術の応用が求められる。こうした作業は一企業内で完結させることは種々の点で困難であり、広範な分野での下請・外注業者を必要としている。

これらはいずれも造船業を生産面からとらえたものである。他方、市場＝需要面からみれば、造船業は世界の船舶輸送の運賃市況に大きく左右される。

また、造船業の立地についてみれば、全国造船所の七割近くが瀬戸内地域に立地してきた。その理由は、前節でもふれたように自然条件上の有利さにあった。

瀬戸内海に立地した造船業は周辺地域の関連産業を吸引し、やがて外部経済効果が出始めると、さらに多くの造船関連企業を吸引していくことになる。こうして造船業としての「産地」が形成されていったのだが、造船業者については、その歴史的立地のあり方からつぎのようにいくつかに類型化することが可能である。

(一)「大都市港湾」立地型——阪神工業地帯など。もっぱら大手造船業者の立地地域である。

(二)「地方都市港湾」立地型——尾道、下関や坂出などの瀬戸内海地域。

(三)海軍工廠など「軍需」立地型——呉や横須賀など。

(四)「木造船」立地型——瀬戸内海沿岸あるいは島嶼部の因島、木江、今治など。

こうした立地上の経緯をもつわが国の造船所を時系列的にとらえれば、つぎのようにさらに整理できよう。

(一)明治初年から明治二〇年代まで——阪神地域を中心に兵庫造船所——のちに川崎造船所に払い下げ——、小野浜鉄工所、大阪鉄工所——日立造船——、川崎造船が創設されている。呉海軍工廠の前身である呉鎮守府造船部は明治二二［一八八九］年に設けられた。

(二)明治三〇年代から明治四〇年代まで――わが国海運業の発展とともに、修繕需要が高まり、修繕ドックの建設を中心とする造船所が設けられ始めることになる。この時期、土生船渠（因島）、三菱神戸造船所、播磨船渠、佐野安船渠が設立された。

(三)大正期――日清・日露戦争による船舶需要の拡大によって、造船ブームが起こり、外貨獲得のためもあり積極的に輸出もされた。大手造船所の拡充とともに、三菱下関造船所、三井物産玉野造船所が新設された。水野船渠（向島）、林兼造船（下関）、常石造船（広島県沼隈町）、笠戸船渠（下松）、臼杵鉄工所（臼杵）、東和造船（下関）など、この時期には従来の阪神地区から瀬戸内海地域に造船所の立地が移ったことが注目される。建造量では大阪鉄工所因島造船所がきわめて大きかった。

(四)昭和期――第一次大戦期にわが国の造船能力は急拡大したものの、戦後、その反動の船腹過剰によって苦境に立たされた阪神地区の造船所も多かった。だが、日中戦争の勃発によって海軍艦艇や商船の需要が急拡大し、既存の造船所の拡張・新設に加え、中小資本による造船所の設立が相次ぐことになる。たとえば、神田造船（呉）、粟之浦ドック（八幡浜）、田熊船渠（因島）、瀬戸田船渠（瀬戸田町）、旭洋造船鉄工（下関）、尾道造船（尾道）、波止浜造船（今治）、今治造船（今治）、宇和島造船（宇和島）、宇部船渠（宇部）などである。地域的に広島県と愛媛県に集中した。

日中戦争以降に、設立された造船所が広島県に集中していたことは注目しておくべきである。これは、以前から呉海軍工廠や日立造船（因島と向島）、その他技術水準の高い造船所が立地していたことに加え、歴史的にみて船大工の伝統をもつ造船技能者の蓄積が高かったことに因ったとみてよい。

戦後の日本の造船業はそうした戦前・戦中に形成された瀬戸内海沿岸の造船産地を中心に展開していくことになる。すでに紹介したNBC呉造船所のほかに、大手造船所の代表格であった日立因島造船所が果たした役割はきわめて大きかった。中小造船所についてみれば、昭和二〇年代にも金輪船渠（広島）、桧垣造船（今治）などが新たに生まれた。

戦後、そうした中小造船業から合併などをへて中堅企業へと成長したケースもみられる。落合功は『戦後、中手造船業の展開過程―内海造船株式会社を例として―』で、瀬戸田の内海造船所を取り上げ、中小造船業の戦後における展開過程を丹念に追っている。

内海造船所の前身はすでに紹介した昭和一五［一九四〇］年創業の瀬戸田船渠株式会社である。資本金二〇万円で設立された瀬戸田船渠の筆頭株主は地元資本ではなく、大阪市の日本橋梁株式会社代表取締役の武田富吉で発行株式の二一％を有した。他の上位株主は大阪あるいは神戸在住の人たちであった。地元瀬戸田町の株主は村上順三など一三名であるが、その持ち株は実際のところわずかであった。本社は神戸市に置かれ、翌年二月に、同社は新造船ではなく、船舶修繕から事業が創始された。

その後、政府の戦時政策――企業合同政策――の下で、瀬戸田船渠は昭和一九［一九四四］年一〇月に神戸市の中桐造船所、村上造船鉄工所と合併し、瀬戸田造船となっている。中桐造船所の中桐六太郎や中桐徹男、村上造船鉄工所の村上正人が瀬戸田船渠の上位株主に名を連ねていたことを考えると、この三つの造船所の合併は自然の成り行きであったともいえよう。

実際の造船事業は、神戸市への米軍の度重なる空襲もあり、瀬戸田が主力工場となっていった。本社も敗戦直前に瀬戸田町に移された。瀬戸田造船の設備は空襲の被害を逃れたことで、戦後賠償の工場に指定されたが、この措置が昭和二六［一九五一］年に解除され、瀬戸田造船は本格的に造船業に乗り出していくことになる。

なお、瀬戸田造船のほかに戦後賠償指定工場となった造船所は、尼崎船渠尼崎工場、藤永田造船所船町工場、同本社工場、函館船渠室蘭工場、播磨造船名古屋工場、日立造船横浜工場、川崎重工、九州造船、三菱重工神戸工場、同下関工場、同若松工場、同横浜工場、大阪造船、三光造船、佐野安船渠、東北船渠、石川島造船、浦賀船渠浦賀工場、海軍工業呉造船所、同大湊造船所、同佐世保造船所、同横須賀造船所であった。

瀬戸田造船の戦中期の主要受注先をみてみると、民間造船所では日立造船、日本製鉄、向島造機、三光汽船など、海軍関係では呉海軍工廠、佐世保海軍工廠、岩国陸軍燃料廠などである。従業員数五〇〇名ほどの瀬戸田造船の場合、新造船については小型船舶だけであり、受注のほとんどは修繕や部品加工にとどまっていた。

戦後の瀬戸田造船は、賠償工場の指定を受け宙ぶらりんの状況になったことに加え、敗戦による資材不足で、瀬戸田町から依頼された小学校の建設や修繕でこの時期を食いつないでいる。こうした状況に転機がやってくるのは、他の多くの造船所と同様に朝鮮戦争による特需発生の時期からであった。

日本政府の計画造船政策によって、新造船需要への期待が高まったが、昭和二五［一九五〇］年の広島県造船業界に対する計画造船発注は実績で三隻で、受注したのは日立因島工場、同向島工場であった。この点について、落合は「計画造船の影響も、必ずしも芳しいものとはいえない。……結局、瀬戸田造船は、小型船の新造、改造、修理が主力であった」と指摘する。とはいえ、この後、新造船の受注が増加していることを考えると、計画造船に加え、国内外の船舶需要の拡大が瀬戸田造船に好影響を与えつつあったといってよい。

その後の日本経済が復興から高度成長へと転じる昭和三〇年代はいわゆる輸出船ブームの時代であり、中小造船業もまたこの好影響を受けることになった。しかしながら、他の多くの中小企業と同様に、戦前や戦中からの旧式設備の生産性は低く、設備の近代化が必要となっていた。

昭和四一［一九六六］年、造船（鋼船）業も「中小企業近代化促進法」の指定業種となった。この時期、瀬戸田造船は既存設備の近代化に本格的に取り組む一方で、新しいドックの建設にも積極的に乗り出している。瀬戸田造船は中小造船所から中堅——中手——造船所へとすでに歩み出していたのである。

その後、昭和四〇年代はわが国の造船業界にとっては近代化の時代であり、建造能力の一層の拡大と生産性の向上が目的化されることになる。と同時に、近代化の時代は、造船業界においては大手造船会社による系列化の時代でもあった。

瀬戸田造船についてみれば、コスト競争力の強化を目指した建造能力の拡大のためには、厳しい受注競争に打ち勝ち、一定規模以上の受注数量を確保することを前提としなければならず、大手造船所や中堅造船所との一層厳しい市場競争を迫られたのである。結局、瀬戸田造船は受注輸出船の製造原価の見積もりを誤ったことなどで予期せぬ経営危機を招き、日立造船の翼下に入ることになる。

系列化を「資本出資」、「業務提携」、「技術提携」、「役員派遣」との関係でとらえて、当時の状況を振り返っておけば、日立造船は内海造船との間ではいずれの関係も有し、尾道造船や瀬戸内造船との間では技術提携を行っていた。資本出資や役員派遣という面で積極的であったのは三菱重工業で、資本出資では名村造船所、今治造船、三保造船、新山本造船と関係を深めており、笠戸船渠、金川造船には役員を派遣している。三井造船もまた系列化に熱心であり、日本海重工、幸陽船渠、四国ドックへ資本出資、常石造船、鹿児島船渠、粟津造船、神例造船には役員派遣、業務・技術提携を行った。日本鋼管は林兼造船、太平工業と技術提携している佐世保重工業を翼下に収め、函館ドックと東北造船へ資本出資、役員派遣、業務・技術提携を行い、楢崎造船へは役員派遣と業務提携関係を結んだ。

この点、石川島播磨重工業は、三菱重工ほどに系列造船所をもっていない印象を受けるが、福岡造船、東日本造船、東九州造船、北日本造船を翼下にもつ臼杵鉄鋼を子会社化したほか、高知造船、大島ドックを翼下にもつ波止浜造船との業務・技術提携と役員派遣を行っている。このほか、神田造船や山西造船とも技術提携を行っている。

川崎重工業は宇和島造船や高知重工を翼下にもっていた来島どっくへ役員派遣、業務・技術提携の関係を結び、金指造船へも同様の対応を行っている。住友重機工業は大阪造船と合併した大島造船や佐野安船渠を翼下に収めた。

ところで、瀬戸田造船の経営危機の原因は、欧州向け貨物船六隻の受注額に対してそれをはるかに超えてしまった実際の製造原価であった。日立造船は社長と常務二名――向島工場元工務部長と同工場長(兼任)――を送り込み、日立流の設計方法、工程管理、資材調達方法などの指導を行っている。その結果として、瀬戸田造船は二年間ほどで累積赤字の解消に成功したものの、石油ショック後の船腹過剰に加え、韓国など造船新興国の台頭に苦労することになる。

昭和四六[一九七一]年、瀬戸田造船はすでに日立造船の系列下にあってフェリーと旅客船で実績を有してきた田沼造船と対等合併し、名称を内海造船へ改めた。内海造船は自社の基本設計力を向上させつつ、工程などの一層の合理化を目指すことになる。その後、内海造船は同じ日立造船グループの名村造船とも業務提携を行っている。

落合は、「(造船業が―引用者注) 多くの熟練工を抱えておかなければならない一方で、注文生産であることを前提とすることから、半年から一年程度を見越して受注する必要があった。その際、景気変動を見通した上での受注が求められるが、逆にそれは他社との受注競争を生むことになる。『出血受注』といわれるように、損失を覚悟した上での受注が図られたのである。その意味で、利益より収益重視の受注スタイルが取られた……これが一九六〇年代の『利益なき繁忙』という名で呼ばれようになった所以」と造船業一般の構造――この点は現在に至るまでわが国造船業の特徴として指摘されている――にふれたうえで、内海造船の当時の対応の特徴をつぎのように指摘する。

(一)日立造船の系列化に入ったことによる安定した受注の確保。

(二)安定した従業員の確保と柔軟性――「地元出身者が多かった……世帯として見た場合、造船業だけでなく農業との兼業が多かった。……一九八〇年代に大量の退職者を出した時も、大きな影響を与えずに済んだ。」

(三)協力工場の活用――「造船工程の一部を任せることで繁忙期の造船業への対応を行っていた。」

内海造船のその後をみておくと、昭和四九[一九七四]年に大阪証券取引所第二部と広島証券取引所に上場を果たし、平成一二[二〇〇〇]年には東京証券市場第二部にも株式上場した。その三年後、同社は日立造船のグループ企業と合併し、かつての日立造船因島工場を引き継ぎ、コンテナ運搬船や自動車運搬船などに加え、大型船の建造に乗り出している。

このように、内海造船は合併を繰り返しつつ存続してきたが、昭和四〇年代後半から昭和五〇年代を通じてわが国の多くの造船所と同様に過剰設備に苦しむことになる。

この時代は、大型タンカーの建造需要が世界的に一気に高まり、これに対応するために大手造船企業――三菱重工、石川島播磨重工業、川崎重工、日立造船、三井造船、住友重機、日本鋼管の七社――が大型船台とドックを新設し、競って建造能力を拡大させた時期であった。だが、その後の石油ショックによりタンカー需要が急減し――キャンセルのみならず急激な円高も重なり――、過剰設備に苦しんだ大手造船企業はそれまであまり実績のなかった一般貨物船の受注競争にも積極的に参入、(*) 一方で自動車運搬船の受注をめぐっても激しい価格競争を繰り広げた。そうしたなかで、昭和五二［一九七七］年一二月に波止浜造船が負債総額五〇〇億円を抱え倒産した。ほかにも、準大手格の函館ドックや佐世保重工の経営危機が表面化する。

＊当時の新聞記事は造船需要の急減によって、大手造船所が従来受注しなかったような小型船舶などの分野にも参入したことを伝えている。たとえば、三菱重工神戸造船所では八万総トンまでの大型船舶用船台で一〇〇トン足らずのタグボートを建造していた（『読売新聞（大阪本社版）』昭和五二［一九七七］年七月一三日付）。また、同下関造船所も一万総トン用の船台で二〇〇トンにも満たない漁船の建造を行っている（『日経産業新聞』昭和五三［一九七八］年二月二〇日付）。

この年は中小造船企業の倒産、廃業、一時休止が相次ぎ、大手や中堅の造船所でも人員整理がみられた。中堅あるいは中小造船所の問題点は、軍需――自衛隊艦船――あるいは陸上部門をもつ大手企業とは異なり、造船専業であることにより、造船需要の変動の影響をもろに受けたことにあった。(*)

＊造船不況の影響から倒産が相次いだ昭和五二［一九七七］年の前年の主要造船企業の売上額に占める造船部門の比重を日本経済新聞社『会社年鑑』からみておけば、つぎのような数字であった。大手造船所七社の場合、三菱重工（三八％）、石川島播磨重工（三八％）、川崎重工（二四％）、住友重機（三六％）、日本鋼管（一三％）、日立造船（六〇％）、三井造船（五四％）。中堅造船所の場合、佐世保重工業（八〇％）、佐野安船渠（九九％）、名村造船所（九八％）、函館ドック（八二％）、

波止浜造船（九九％）、内海造船（九八％）。

造船所の負債総額の大きさをみると、昭和五二［一九七七］年に会社更生法の適用を申請した企業のうち、今治の波止浜造船（負債額五〇〇億円）、石巻の山西造船（同一四九億円）、今治の渡邊造船（同一〇〇億円）、下関の旭洋造船（同八〇億円）、下関の東和造船（同六二億円）が大型倒産のケースであった。翌年には大分県の佐伯造船（同二三〇億円）も倒産へと追い込まれている。

さらに、広島県内で倒産した造船所をみておけば、同時期に金輪船渠（負債額一一〇億円）、宇品造船所（同九〇億円）、石橋造船所（同三〜四億円）、伊藤船舶（同五〇〇〇万円）が、会社更生法の申請や和議を余儀なくされている。

ところで、当時、わたしは大阪造船業の調査に従事していた。当時の調査に依れば、大阪の中堅造船所は本社設備を縮小させ修繕に特化させ、新造船は地方に設けていた大型船台やドックなどに集約させる方針をとりつつあり、大阪の関連下請業者――構内下請業者も含め――はその影響を大きく受けていた。

また、厳しい受注競争に直面した中小造船あるいはその下請工場などは脱造船の方向で、大阪府下の電気機器メーカーや産業機器メーカーからの受注に乗り出していた。だが、わたしが調査した限り、すんなりと受注できたところは必ずしも多くなかった。受注に成功した工場についてもみても、価格的に採算がとれていたかどうかは甚だ疑問であった。

その後、円高基調のなかで、日本の大手造船所との技術・資本提携を行いつつ、労働コストの面では有利な韓国の現代造船などが急速に台頭してくることになる。昭和四〇年代を通じて、韓国造船業の建造能力は一挙に拡大し、世界シェアを高めて行く。新造船よりもさらに労働集約度が高く、低賃金が競争力の中核を占める修繕については、香港、シンガポールやマレーシアなどがその地理的利点を生かして、やはりこの時期に台頭してきた。

そうした新興国の台頭は造船業界における国際的分業体制を一層強力に促進していくことになる。韓国は船体など労働集約的な加工面では優位に立ったが、ディーゼルエンジンなどの機関、鉄鋼資材、さまざまな艤装品は日本などから輸入せざるを得なかった。結果、韓国と直接競合せざるをえない造船所と、間接的に影響を受ける造船所があり、日本造船業界全体が一律一様の影響を被ったわけではなかった。

過剰設備の廃棄処理を迫られたわが国造船業界の再編成は、こうした国際分業体制のなかで進んでいくことになる。ちなみに、政府主導で行われた造船業界の過剰設備削減——実際には休止と陸上部門への転用——によって、日本の造船業界全体の建造能力は昭和五五［一九八〇］年三月時点で、その一〇年前の水準にまで大幅に削減されたのである。

そうした大幅な過剰能力削減の下で、大手造船所や中堅造船所による中小造船所の系列化が進展した。大手造船所は新鋭設備への投資を行った事業所を維持しながら、陸上部門——総合重機など——にも力を入れ、将来の船腹需要回復に備えて中小造船所などを系列下に置こうとしたのである。先にみた内海造船の日立系列入りはこの典型的な事例であった。

もっとも、陸上部門の強化といってもその方向性は必ずしも一律ではなかった。たとえば、原子力機器については石川島播磨重工、川崎重工、三井造船、工業用ロボットについては三菱重工や川崎重工が活発な動きをみせた。化学や建設など産業用機器には、三菱重工、川崎重工、住友重機械などが、鉄鋼構造物には日立造船、石川島播磨重工、三井造船などが力を入れた。宇宙機器については三菱重工などの対応が目立った。

また、政府主導の設備削減政策は企業単位ではなく、船台・ドック単位で行われたことにより、船台を一基しか保有しない企業などは、複数保有する企業との合併を積極的に進めざるを得なかった。なかには、系列グループ間のトレードのような合併劇もあった。

これを雇用面からみた場合、船台やドックの休止あるいは削減は、深刻な雇用問題を生むことになった。たとえば、わたしが調査していた大阪の名村造船や佐野安船渠は、九州や中国地域にある新鋭工場を中心とする建造体制を積極的に推し進める一方で、大阪工場については修繕などの分野に特化し、造船部門を縮小させる方針を打ち出した。必然、港内下請工や社外工などの削減、配置転換に応ずることのできない従業員の指名解雇などが行われた。

日本造船工業会の当時の資料によると、佐世保重工を含む大手造船所八社の場合、昭和四九［一九七四］年から三年間で、本社従業員約一万二〇〇〇人、構内下請工（協力工）約一万五〇〇〇人が削減された。同期間に、函館ドックや名村造船など中堅造船所一五社では約一八〇〇人、構内下請工で約六八〇〇人が削減となった。この二三社全体では、本社従業員の削減率は一二％にとどまったものの、構内下請工の削減率は四五％と大幅なものであった。

その後のわが国の造船業界についてみれば、昭和五〇年代においてさまざまな試みが行われたにもかかわらず、昭和六〇年代に入っても大きな改善はみられなかった。引き続き、わが国の造船業の構造的な課題は「新造船需要の低迷」、「造船設備の過剰」、「円高による国際競争力の低下」であった。

中国運輸局はこうした状況を重視し、（財）日本造船振興財団の協力の下に広島県経済界の関係者を委員として、昭和六一［一九八六］年に「中国地区における造船業の将来展望に関する調査研究委員会」を立ち上げ、その実態調査を（社）中国地方総合調査会――現中国地方総合研究センター――に委託した。翌年、『中国地区における造船不況の影響調査と今後の不況対応に関する調査研究』報告書が発表された。この報告書から当時の広島県造船業界の状況をみておこう。

　まず、広島県造船業界の現状については、「全国の約四分の一を占める建造設備を有しているが、不況の影響を大きく受けて、受注量はピーク時の約一〇分の一、建造量もピーク時の半分と大幅に落ち込み、全国シェア（受注量）も過去の約四分の一から一三％（六一《ママ》年度）へと大きく減少している。また、経営状況も次第に悪化しつつあるほか、従業員数については、六一年末現在、約二万四千人（四九年のピーク時の三七％）へと大きく減少している」と報告されている。

広島の地域的特徴として、輸出船の受注比率が高いことから、新造船、修繕船とも他の地区よりも落ち込みが大幅であった。また、中小造船所については、生産近代化への取り組みが活発でないこと、積極的な需要開拓努力が不足していること、造船所間の連帯意識が希薄なことなどが指摘されている。こうした指摘は広島県だけではなく、日本の中小造船所に共通してみられたはずである。

　報告書に依れば、もっとも深刻なのは雇用情勢であった。たとえば、当時、日立造船因島工場では、千人単位の人員削減策が打ち出された。報告書が発表された前年の造船業界からの離職者数は約六七〇〇人――このうち、求職者は約五七〇〇人――であったが、再就職先が確保できたのは八五〇人ほどで全体の一五％程度にすぎなかった。

（社）中国地方総合調査会は、厳しい不況に苦しむ造船業者に対して経営動向アンケート調査も実施している。この調査結果によれば、さしあたっての経営上の対応策としては「雇用調整――希望退職募集――」、

「出向転籍」、「他部門への応援派遣など」を挙げた造船所が多かった。つまり、多くの事業所が、経費削減に即効効果がある人件費削減あるいは抑制による経費負担軽減を図っていた。

また、人件費削減などの短期的対応のほかに、中長期的対応として大手や中手の造船所は新規事業など「多角化経営」の必要性を挙げている。アンケートに回答を寄せた一五事業所の対応方向については、つぎのように類型化して示しておくことができる。と同時に、わたしが調べることができた範囲で実際の対応状況も合わせて整理しておくことにする。

(一)造船技術を核に他分野へ進出――鉄構造物・橋梁(大手・中手はすでに進出済み)、産業機械・航空宇宙・海洋機器(大手はすでに進出済み)、金属製品・機械加工(大手・中手はすでに進出済み)、土木建築業(大手はすでに進出済み)、電気工事業、特殊塗装業。いずれの分野においても、中小造船所は進出計画中とするところが多い。

(二)成長性の高いことが予想される将来型産業への参入――コンピュータ機器販売・電算分野(中手がすでに参入済み)、システムエンジニアリング・ソフトウェアの開発・販売(中手がすでに参入済み、大手や中小は計画中のところあり)、ファクトリー・オートメーション(FA)装置の開発・販売(中手はすでに参入済みのところあり、大手もすでに参入済みあるいは計画中)、プラスチック・新素材の加工開発(大手は計画中)、バイオテクノロジー産業(大手は計画中)。

(三)サービス業への事業展開――自動車整備業(中手ですでに進出済みのところあり)、工場・設備・ビルメンテナンス業(大手で計画中のところあり)、損害保険代理業・警備保障(中手ですでに進出済みのところあり)、人材派遣業(大手で計画中のところあり)、廃棄物処理業(中手ですでに進出済みのところあり）、ふとんクリーニング（中小で計画中のところあり）、物品販売・サービス業（中手ですでに進出済み、中小で計画中のところあり）。

（四）レジャー産業への参入――マリンリゾート開発（中手ですでに進出済みのところあり、中小では計画中のところあり）、社有地のレジャー部門開設（中手ですでに進出済み、中手と中小で計画中のところあり）、ヨットハーバー・マリーナ・海洋レジャー経営（中手・中小ですでに進出済みのところあり）。

（五）運輸業への展開――旅客輸送・フェリー部門開設（中手ですでに進出済みのところあり）、船舶入出港関係業務（中手ですでに進出済みのところあり）。

（六）食品関連部門への参入――弁当製造販売・外食産業（中手・中小で計画中のところあり）、カット野菜・種苗・健康食品（中手で計画中のところあり）。

（七）海外投資事業への展開（中手で計画中のところあり）。

こうした脱造船業の試みや新たな事業の展開例としては、たとえば、大手の三菱重工では、当時、海洋コンサルティング・エンジニアリングや、各種の陸上機器――熱交換器など――の製造・販売・据付工事の別会社を設立して、五〇〇名以上の社員を移籍させている。

日立造船の因島工場では、昭和六一［一九八六］年に別会社として九社が設立され、三〇〇名以上の社員が移籍している。こうした別会社には冷凍・冷房機や小型クレーンの製造・据付、橋梁・鉄骨・土木工事、海洋構造物設計、船舶解体などそれまでの事業に関連する企業もあったが、不動産管理会社、健康飲料水・酒造、魚介類の養殖といった全く関連のない分野の企業も含まれていた。さらに、翌年早々にはボイラーの製造・販売、小型エンジンの製造・販売の企業二社が設立され、八〇名近くの社員が移った。

大手造船所ということでは、隣県の岡山玉野の三井造船所でも、昭和六一〔一九八六〕年に、造船技術に関連する研究開発企業、製造加工企業、特殊小型船・高速船の建造などの別会社三社を設立して、二八五人の社員を移籍させている。

広島県内の中手造船所では、福山市の常石造船が旅行サービス業の会社を昭和六一〔一九八六〕年にスタートさせたほか、昭和六二〔一九八七〕年にゴルフ場をオープンさせている。移籍社員数は六〇名余りであった。また、三原市の幸陽船渠は船舶修理専業の別会社――八名――を設立している。

前述の尾道市の内海造船は昭和五七〔一九八二〕年に設立した電気設備等の補修管理会社に、農業栽培や布団丸洗いなどの新規事業を追加して、七五名ほどの社員を移籍させている。尾道造船は昭和六一〔一九八六〕年に物流ラックの製造・販売企業を、翌年にはソフトウェア開発・コンピュータシステム運用管理の会社を設立している。四〇名程度の社員が移籍した。

造船に関連する電気工事や塗装などは別として、本業とは余り関係のない分野への進出した具体的事例としては、山口県下松市の笠戸船渠が、土木工事、布団・カーペットの丸洗い、コンピュータ維持管理・電算業務・パソコン販売などの企業をこの時期の前後に設立、六〇名前後の社員を移籍させている。

ここで、当時、（社）中国地方総合調査会が広島県から委託を受けて実施した広島県下の造船所の「転換・多角化」の実態調査報告――『転換・多角化の二八の事例――広島県中小造船業及び造船関連業の実態調査』――も参考にしておこう。とくに、ヒアリング調査の結果に焦点を絞った報告書（『中国地方総合調査月報』第四五四号所収）から「転換・多角化」の実態が浮かび上がってくる。同報告書は、転換・多角化志向の造船企業の実態を二つに類型化――「造船部門深耕」型と「脱造船志向」型――し、これらの成功事例を紹介している。

まず、最初に「造船部門深耕」型である。興味を引くのは造船不況のなかであえて市場シェアを拡大させようとする四社のケースである。いずれも小型船への専門化、特殊用途船への特化などがその基調であった。この四社のうち、一社は明治九［一八七六］年創業で当時すでに社歴一〇〇年を超える老舗造船所であって、それまでにも木造船から鋼船への転換、内航貨物船から人口島建設用の砂撒船や浚渫船への転換などによる高度な設計技術の蓄積基盤があった。

他の三社は当時の社歴でいえば、創業後一〇年あまりが一社、一五年ほどが一社、四〇年ほどが一社となっていた。一つめの企業は、小型船舶に特化して、創業社長のあとに登板した営業に強い二代目社長の受注能力――既存所有船の古船流通市場への紹介と新造船の資金調達相談まで――に負うところが大きく、転換に成功している。

二番目の企業の最初の経営者は、多くの造船企業の創業者が造船業界出身であるなかにあって、商業高校を卒業後に化粧品セールスをへて船用部品の加工業を起こした異色の経歴の持ち主である。この企業は中小型船舶用の油圧機器・同部品での一層の専門化――いまでいえばオンリーワン的企業――を目指している。

三番目の企業の創業者は、鉄工所から船用バルブの加工に転換してきた経歴をもつ。彼は研究開発志向が強く、その精密機械加工に独自性がみられる一方で、「県内の業界で、生産工程にロボットを最初に導入した」という進取の精神が評価されている。調査当時は、従業員数二五人ほどの中小企業であったが、ブリザー弁では型式承認世界第一号、小型漁船用の小型軽量アンカーウィンチでは世界五ヵ国の特許を取っている。

造船でのニッチ的市場・技術戦略をとっているこれら四社に対して、「脱造船志向」型に分類された二四社についてみると、「転換・多角化」の方向ということでは、大別してつぎの三つの型があった。

こうした方向性については、加工専業者であるかどうか、また、完成品をもっているかどうか、あるいは、技術志向で陸上など他分野への進出を強く意識しているかどうかによってさらに異なっている。また、下請加工の企業は受注先の多角化や転換に大きな影響を受けた「結果」としての多角化や転換という側面は無視できない。多用化・転換事例を整理しておこう。

(一)脱造船(=陸上部門への一層の傾斜)――船舶用機器から陸上部門、たとえば、製鉄機械など産業機器への移行である。製缶技術を核に陸上部門へ進出するなどの事例がある。

(二)新製品開発の重視――(一)と重なる部分も多いが、造船技術で培った技術を核に陸上分野での新製品を開発した事例が多い。

(三)サービス業分野など新分野への参入――外食、レジャー、エンジニアリング、ソフトウェアまで多彩な分野への移行がみられた。

一番目のケースとしては社歴二〇年ほどの企業の事例がある。紡績会社からスピンオフした創業者は、ハッチカバーなどの艤装部品を手掛けていたが、不況を契機に造船分野から思い切って完全撤退して、物流合理化用の器具へ移行している。

また、戦後すぐに創業された企業の場合は、はじめは各種の甲板機器、操舵機、漁労機器、ポンプなどの完成品を手掛け、後に数値制御旋盤などの分野にも新たに参入した。その後、細かなサービスで中小工場向けの数値制御機器の開発・製造に力を注いできたが、造船不況の長期化でこの方向がさらに強化される結果となっている。

二番目のケースとしては、社歴二三年の企業の場合、船用滑車や荷役用金物の設計・製造で蓄積した技術を応用して、産業機器用、プラントリグ用、海洋土木機器用の省力化吊り具の新製品を生み出し、こうしたニッチ市場を開拓して、船舶用分野の不振を補完することに成功している。

また、社歴六年ほどともっとも社歴の浅い企業は、造船向けのアンカーチェインの設計・製造を手掛けたが、その後、建設機械メーカーとの連携を深めクラッシャー・削岩機の設計・組立、化学機械の遠心分離機への傾斜を進めてきている。

三番目のケースとしては、電気溶接専業企業の場合、不況を見越して外食産業に進出したものの、結果として本業の収益そのものも圧迫する結果となっている。この事例では、自らの蓄積した経営資源をベースとしない多角化の問題点が典型的に現れている。この意味では、エンジニアリング――設計請負――、電気工事などの分野への進出は、ある意味で正統派の多角化ともいえる。一部の大手造船所にみられたバイオテクノロジーなどの分野への新規参入は、その後の展開を見る限り成功であったとは言い難い。

こうしてみると、改めて造船業には製缶加工のみならず、さまざまな機械加工、多種類の機器、それに関連する部品などが関連しており、蓄積してきた技術を活かし、造船から陸機や陸上分野へ移行する動きは、主要産地における造船不況の長期化による必然的結果であったとみてよい。ただ、営業部門や製品ブランドをほとんどもたない中小企業の場合、市場開拓が他分野への進出の隘路となっていた。当時もそして現在も、中小企業の事業転換の古典的ともいえる経営上の命題がここにある。

なお、こうした転換事例のうち、成功途上――いつの時点で成功と見なすかであり、その事業が現在にまで継承されていないケースも多々認められる——にあると思われた事例に共通する要因について、前掲『報告書』は五つの点を掲げている。参考までに紹介しておく。

(一)技術力——総合的かつ特徴をもつエンジニアリング力——が決め手になっている——「製缶系に特化し単能化している企業では、脱造船は困難でありむしろ成功事例は、機械加工、それも大型精密機械加工に特化している。」

(二)前回不況——昭和五三・五四[一九七八・七九]年——から体質転換に踏み切り、一貫して「脱造船」を志向した企業に成功事例が多い——「結局は、経営トップの先見性と意思の強さに帰せられる。」要するに、何事もある程度の意識変革と準備があって初めて多角化や転換が可能であったのである。

(三)従来から小規模でも非造船部門をもっていた——「もともとマルチ経営ができる技術力、営業の基盤、人材のストック等をもっていたところが、これらを足がかりとして転換・多角化を成功させた。」

(四)臨海部や造船工業集積地を離れ、新工業団地や内陸部への立地企業が多い——この指摘は必要条件の一部であって、必要かつ十分条件でなく、個別ケースをみると、やはり、前掲(一)～(三)のいずれかの条件を満たした場合にとって有効な指摘である。

(五)転換・多角化分野が瀬戸内海沿岸部を中心に西日本の重工業分野に関連しえた——「産業機器・プラントのメーカーに限らず、製鉄所や精錬所、化学工場などユーザー……西日本を市場のバックグラウンドとして発想が重要」であった。

ところで、こうした多角化に関連し別会社へ移ることのできた社員がいた反面、昭和六〇年代には、大手や中手では希望退職の募集が相次いだ。広島県下の主要造船所についてみれば、日立造船因島工場では、

「第一次合理化」ということで新造船部門から撤退することにともなって、まずは二一〇〇人の削減が打ち出され、その後、「第二次削減案」が示された。同向島工場でも同時期に一八〇名前後が削減された。石川島播磨重工業の呉事業所でも希望退職者が募集され、約一三〇〇名がこれに応じた。

中手では、三原市の幸陽船渠が愛媛県今治市の今治造船の系列下に入り、一五〇人ほどが希望退職に応じている。呉市川尻町の神田造船所では七〇人が希望退職に応じ、瀬戸田町の内海造船では、全従業員の約四割にあたる約四〇〇人が退職した。尾道造船では、従来の定年後再雇用制度が廃止されるとともに、全従業員の約四割以上の人員削減が打ち出された。

こうした人員削減は広島県の造船業界だけでなく、たとえば、山口県の笠戸船渠では約四〇〇人が希望退職に応じた。岡山県の大手造船所の三井造船玉野事業所でも、一三〇〇人以上が退職——出向・転籍を含む——、大阪の佐野安水島造船所でも約一五〇人が希望退職した。このように瀬戸内海沿岸の造船業界の雇用情勢はこの時期、きわめて悪化したのである。

なお、昭和六一［一九八六］年だけで、中国運輸局管内で四社が倒産、二社が事業廃止、新造船部門を休止した企業が一社、新造船部門を廃止した企業が一社あった。経費削減の即効効果が期待される人件費削減が優先されたのである。参考までに、この時期に倒産、休廃止を余儀なくされた企業をつぎに掲げておく（中国運輸局資料）。

造船所	所在地	経緯	負債額など
岸本造船（株）	広島県木江町	破産宣言	約一六億円

山陽造船（株）	広島県尾道市	更生手続	約八八億円
底押造船（株）	広島県東野町	和議申立	約　六億円
備南造船工業（株）	広島県因島町	和議申立	約　六億円
北村造船所	山口県秋穂町	事業廃止	木造船
菊屋成雄造船所	山口県萩市	事業廃止	木造船
岸上造船（株）	広島県安芸津町	新造船部門休止	修繕は継続
（株）吉浦造船所	広島県呉市	新造船部門撤退	修繕は休止

こうしたなか、造船所を多く抱える瀬戸内地域の中国三県――岡山県、広島県、山口県――は「造船不況対策協議会」などを設けて、国とともに不況緊急対策を講じてはいる。県レベルの金融支援ということでは、広島県でみると、さしあたっての資金繰り悪化への緩和措置としての「造船不況緊急特別融資」のほか、造船企業の多角化を支援する「造船関連企業事業多角化融資」が設けられた。

市町村レベルでは、尾道市が運転資金の提供を目的とした「特定不況業種緊急融資」を、呉市が「造船関連等中小企業特別融資」を設けた。また、尾道市向島町では「中小企業振興資金」や「円高不況対策等緊急融資」の小口資金提供が行われた。利子補給ということでは、瀬戸田町が「倒産企業の関連中小企業融資利子補給」や「小規模所工業融資利子補給」を実施した。

造船業界の過剰設備――人員を含む――の利用を強く意識した公共工事発注ということでは、広島県、尾道市、三原市、因島市、呉市、瀬戸田町などが桟橋、橋梁や教育施設の塗装、漁礁の設置、沈没船処理などに予算措置を行っている。

機械・金属産業

造船業は、すでにふれたように部品や加工の分野など拡がりをもつ典型的な組立型産業である。重複するが、その特徴を挙げておくと、つぎのようになる。

(一)中心的生産は製缶であること――船殻（船体ブロック）は製缶という技術が主体となってつくられている。

(二)外注依存度が高いこと――ディーゼル機関、甲板機械、電気機械器具、背操船機器、各種ポンプ、空気機器、分離機器、熱交換器などさまざまな機械器具だけではなく、船体ブロック、プロペラ、ベアリング、バルブ、錨・鎖、滑車など部品や艤装品の製作を多くの企業から調達しており、また、組立においても社外工の利用度が高くなっている。

特に、(二)の点は重要であり、造船所の周囲には関連工場や資材問屋などが広範に立地しているのはそのためである。この意味では、造船産業は機械金属分野の関連産業と密接な関係をもっており、いわゆる「すそ野」が広い産業でもある。

広島県についてみても、尾道、因島、向島、生口島などの地域に造船関連の機械・金属加工の中小零細企業が数多く立地してきた。船用器具・備品以外に砥石分野でも、最初は呉海軍工廠向けの製品を製造し、戦後、中堅企業へと成長した企業などの事例がみられる。

たとえば、昭和一二［一九三七］年に呉海軍工廠近くの阿賀町で創業した第一製砥所――現ディスコ――は、その後、東京へと移転したが、空襲によって東京の工場が被害をうけ、呉工場で生産が再開された。高度成長期に同社は精密切断機器にも進出している。このほかにも、製缶関連の工場も因島に多く創業されている。

（社）中国地方総合調査会の調査報告書『造船不況下における地域経済の変貌』は、因島地区の下請企業二四社について昭和五三［一九七八］年時点のアンケート調査をまとめている。わたしなりに調査結果を再整理して概要を示せばつぎのようになる。

（一）創業年次――大正期の創業が二社、昭和二〇年代が五社、昭和三〇年代が三社、昭和四〇年代が一三社、不明が一社。

（二）所在地――因島一六社、生口島三社、向島三社、大三島二社。

（三）臨時社員を含む従業員数――ただし、社外工を除く――二〇人以下が一〇社、二一人から五〇人が八社、五一人以上が六社。

（四）主たる製造部品あるいは加工――船体ブロック一〇社――配管内作加工を含む――、船舶艤装四社、船舶小物製缶加工一社、パイプ加工一社、鍍金加工一社、ディーゼル部品・産業用機器二社、船内梯子・通風ダクト等三社、フランジ・ネジ類一社、熱交換器一社。

（五）分野――造船専業が一六社、造船・陸上兼業が八社――うち二社が陸上分野の比重が高い――。

創業年については、大正や昭和戦前期の工場がみられるものの、高度成長期に創業したところが目立っている。従業員規模については、どの企業も社外工を雇っており、なかには、社内工よりも社外工の数が多い工場もみられる。たとえば、大正五［一九一六］年創業の船体ブロックや鋳造品加工の老舗工場をみておくと、従業員――臨時工を含む、以下、同様――六六名に対して、社外工は一〇〇名となっている。同様に、昭和二六［一九五一］年創業の船体ブロック加工の従業員二〇名の工場は、同数の社外工を使っていた。また、昭和四一〔一九六六〕年創業の船体ブロック加工の工場でも、従業員三五名に対して、社外工は四〇名となっている。

社外工への依存度が低い工場をみておくと、昭和四〇〔一九六五〕年創業のパイプ加工の工場は従業員三七名に対して、社外工はわずか三名である。

先に紹介した社外工依存の高い工場はいずれも船体ブロック加工の工場であったが、船体ブロック工場でも社外工依存の低いところも見られる。たとえば、昭和四〇〔一九六五〕年創業の従業員数二〇名の工場は社外工三名のみであった。とはいえ、船体ブロック加工の場合、傾向としては概ね社外工への依存度が高かった。

なお、船体ブロック専業ということでは二四社のうち、四社がこれに該当する。その企業規模は、必ずしも大きいとはいえない。社外工を含む全作業員数はもっとも多い工場で七五名、最も少ない工場で二三名である。船体ブロック加工のほかに加工分野をもっているところについては、一〇〇名をこす工場もみられる。

受注先をみておくと、日立造船の専属下請となっている工場は三社で、いずれも戦後の創業である。日立造船が受注額の半分以上を占めるのは六社、中手造船所からの受注を主とする企業は六社、中小造船所を主とするのは一社である。残りは、日立造船、中手造船所や中小造船所から分散受注している企業である。こうした因島地区の造船関連企業について、前掲『報告書』はつぎのように指摘する。

「大手造船所の不振を好調な中堅造船所でカバーし、場合によって中小造船所の受注で一息つく……こうした点は、他の造船工業地区にはあまりみられない因島地区の大きな特色である。とくに中堅造船所が、層として無視できないウエイトを占め、一定の市場を形成していることは、社外工の地域的集積のクッション的利用と共に、当地区の造船関連工業の強みとなっている半面、その近代化を遅らせてきた要因の一つともなっている。」

中小造船所について、同調査会はそのうち五社について実態調査を行っている。二社が因島に、二社が岩城島に、一社が生口島に立地していて、四社は船台をもち、一社は修繕用ドックをもっている。

因島に立地する昭和三六［一九六一］年創業の企業は修繕用ドック五基をもち、社外工を含んで従業員数三四三名――社外工依存度は六六％――で、中型船以上の修繕に特化している。社外工依存が高いのはいうまでもなく需要変動への対応の必要性からである。もう一つの因島立地の一〇名ほどの企業は五〇〇総トン以下の新造船専門である。

岩城島に立地する昭和四九［一九七四］年創業の企業は従業員数一七一名――社外工依存度は四九％――、一五〇〇トンまでの新造船用船台二基と一万トン以上の修繕用ドック二基をもっている。岩城島に立地するもう一つの企業は従業員数三八名――社外工依存度は三九％――で、昭和一七［一九四二］年の創業である。同社は新造船用船台三基をもっている。両社とも新造船と修繕の両方を行っている。

造船不況の影響で倒産企業も出たなかで「生き残った」中小造船所の経営形態について、『報告書』はつぎのように類型化している。①中堅造船所の系列下、②修繕専門化、③高付加価値化、④パージ・海洋機器類専門化である。

このうち、高付加価値化という方向を打ち出すことに成功したある企業の成功要因についてみれば、船大工出身で戦前は日立造船の下請工として働き、戦後独立創業した経営者の資質と能力が極めて大きかった。それに加え、付加価値の高い高速客船の電装品や艤装品などをこなすことのできた関連下請業者が因島から尾道の地域にかけて立地していたこと、さらには日立など大手・中堅造船所からの技術移転も大きかったと、報告書は指摘する。

いまでいえば、効率的な域内分業体制を支えた造船クラスター工場群の存在に加え、そうしたクラスター内の技術的知識等のスピルオーバー効果による外部経済効果が因島地区の中小造船所の存立を可能にしていたといえよう。

反面、そのような効果を活かすことの出来なかった造船所もまた多く存在しこれらの地域においても造船所の再編成が進んでいたことを、どのように解釈すべきか。その鍵を市場開拓と技術開発における経営者の資質と能力の問題のみに求めてよいものかどうか。いまも検討すべき重要課題である。

第三章　工業経営からの視点

工業経営の原風景

前章で取り上げた戦後の日本の造船業の歩みも、他の多くの産業と同様に、戦中に停滞あるいは低下した技術水準の回復から始まった。だが、戦時中に多くの船舶を失った海運業などと比べると、造船業は空襲の被害も比較的軽微にとどまり、製造設備が温存されたことで復興の潜在力も比較的高かったといえる。

問題は戦後賠償や「過度経済力集中排除法」による造船会社の解体の行方であった。戦時賠償に関しては、残存した造船設備が解体されアジア諸国へ移転されるかどうかがわが国造船業復興の鍵を握っていた。米国政府のボーレー賠償案(*)が実行に移されなかったことで、結果として、日本の造船能力は戦後に継承されることになる。

*ボーレー賠償案——年間最大一五万総トンの鋼船建造に必要な施設以外の鋼船建造施設については、三〇～四〇造船所、三ヵ所の大型浮ドックを賠償とすることが決められた。

他方、「過度経済力集中排除法」の適用指定については、いわゆる財閥系の三菱重工業は対象となったが、戦前来の造船大手であった浦賀船渠、石川島重工業、藤永田造船所、播磨造船所、日立造船、新潟鉄工所、川南重工業、川崎重工業、三井造船、日本造船などは分割されなかった。

ここで、戦前の造船業について再度ふれておくと、海運会社からの受注もさることながら、日本の造船業は海軍の軍艦建造という「官公需」に大きく依存して発展してきた。ただし、海軍工廠についてはともかく、民間造船所については海軍用艦船のほかに、商船なども建造しており、軍事技術の民需への応用もある程度行われていた。呉の造船業については、海軍兵学校卒業生で駆逐艦勤務経験をもつ矢花冨佐勝が『駆逐艦勤務―旧海軍の海上勤務と航海実務―』で、呉海軍工廠などの概要図とともに当時の様子をつぎのように描写している。

「呉は港全体が機密扱いで一般人の目を遮断するようになっており、昭和十六年秋に私が兵学校に入学する時は、呉の河原石の桟橋から江田島小用桟橋まで乗った乗合船には窓に幕がかけられていた。外を垣間見た誰かが『大きな戦艦を見た』と言った。これはこの年の八月に特設大ドックから曳き出され、諸試験を終了して竣工が間近の『大和』であったようだ（昭和十六年十二月十六日竣工）。

海軍へ入ってからは呉の内側をよく見るようになり、出入りもできた。港の東南側一帯は呉海軍鎮守府と呉海軍工廠があり、クレーンやドック、桟橋等が連なり田舎出の我々には目新しい光景であった。明治二十二年開庁という古い歴史の鎮守府と、艦艇の造船修理機能を備えた工廠のある呉は、太平洋戦争の開戦によって艦艇部隊が訓練停泊するのに安全な瀬戸内海を抱え、海軍の重要な補給・補修基地になっていた。海軍関係者の多くが思い出を心に残した港街でもある。」

矢花の描写のように、呉港の東南、つまりJR呉線の呉駅から東側には海軍関係の建物、石川島播磨重工――IHI――のドックと工場群、その隣には、戦艦大和の建造ドック、水雷工場、鉄塔組立工場、電気工場、製鉄工場、甲板鍛錬工場、日新製鋼の工場があった。河原石――現在のJR呉線川原石駅――の西側には呉海軍工廠の火工部があった。

そして、呉も、戦後は大きな変容を迫られた。軍艦建造が減少し、商船などの建造が主となった造船業界にあって、価格競争力が優先される民需部門において、それまでの非価格競争力――技術力――をどのように向上させていくのかが大きな課題となっていた。具体的には、溶接技術とブロック工法をどのように積極的に採用していくのかが課題であった。

溶接技術については、大正期に導入され、三菱の長崎造船所で諏訪丸（四〇〇総トン）が建造されたが、その後、海軍で採用されたものの駆逐艦の艦首切断事故で溶接技術の全面的利用が控えられるようになっていた。溶接技術の造船への応用は戦後取り組まれることになる。全構造溶接の新和丸が播磨造船所で建造されたのは昭和二三［一九四八］年であったが、溶接技術がすぐに普及したわけではなかった。

この理由について、経営学者の高柳暁は『海運・造船業の技術と経営』で、「日本で建造した船で、大事故を起こすことがあったら、日本の造船業界はそれで終わりになるから、見込みでやっては絶対にいけないという意見であった。運輸省の意見も同様であって、溶接、ブロック工法と革新技術の導入に熱心であったが、十分に検討の上、間違いがないこと確認されて導入され、このような十分な研究検討がなされたことが、わが国造船学の発展の基礎を形づくったといえる」と伝えている。

もっとも、溶接技術は単独で発展していくわけではなく、鉄鋼材料の品質向上が不可欠であって、日本の鉄鋼業界における品質向上技術の進展に大きく依存していた。また、溶接技術については、個別企業での取り組みだけでなく、いまでいう産官学の協力関係も形成され、その進展が加速されていった。わが国の自動溶接を中心とする溶接造船技術が確立していくのは昭和三八［一九六三］年頃からであった。

ブロック工法も溶接技術と同様に、戦前の川崎造船所、戦時中に設けられた三菱重工若松工場や川南工業深堀工場に急遽設けられた簡易造船所などにおいて試行されていたが、本格的な取り組みが始まるのはやはり戦後であった。ブロック工法の利点は価格競争力と品質競争力の双方の同時確立にある。船台ではなく、陸上で加工が可能になることで安全性、作業能率が上がり、価格・品質が安定しやすいのである。ただし、異なった部分――ブロック――を接合するので、加工精度と強度の確保がきわめて重要になる。

また、設備面においては、ブロックを移動できる大型クレーンの設置、工場の拡張、各部品などの加工における高精度の工作機械が必要となり、ブロックを効率的に組み上げる工程管理手法が重要となる。わが国においてこのようなブロック工法が普及しはじめるのは昭和三〇年代であった。

溶接技術の向上とブロック工法の確立は、後に大型船の登場を可能とさせた。大型船の建造で先鞭をつけたのは米国の石油、石炭、鉱石の運搬を行っていた海運会社NBC（National Bulk Carriers）(＊)であり、自社船の建造を旧呉海軍工廠(＊＊)の施設を利用して行うことを打ち出した。高柳はその経緯を前掲書でつぎのように紹介している。

「呉海軍工廠をNBCに貸与・売却する決定に大きく影響を及ぼしたのは、当時の池田大蔵大臣が、地元の呉市のために動いたからだといわれている。呉市は、海軍工廠で成り立っていた町で、海軍が失われたあと、工廠は政府の依頼で播磨造船が引き受けていたが、周辺の沈船の引揚げと戦時中の船舶の修理の仕事が終了したあと、ほとんど仕事がなく、赤字の状態で、多数の従業員を抱える余裕はなかった。主力の第一銀行は、播磨造船に対し早急に呉から撤退するよう迫っていた。いずれにしても、呉市の経済状況はきわめて悪い状況にあった。NBCの進出を両手をあげて歓迎したのである。」

＊NBCはDaniel K. Ludwigが一代で築いた海運会社である。彼は小さな海運会社を十代で起業し、自社の商船を有効に活用し、米国を代表する海運王となった。呉海軍工廠はNBC呉造船所と播磨造船呉造船所に継承された。石川島播磨重工業は昭和三七［一九六二］年に両造船所を継承した。

＊＊旧海軍工廠ということでは、この呉のほかに横須賀、舞鶴、佐世保があった。横須賀は米軍に接収され、米海軍艦船のアジアでの最大修理施設となっていく。舞鶴は飯野産業へ貸与され、同社は舞鶴造船所を設立したが、その後、日立造船と合併する。佐世保は佐世保船舶工業に継承され、後に佐世保重工業と改称された。

NBC呉造船所は、昭和二六［一九五一］年八月に発足した。技術担当の副所長には、九州大学工学部造船学科出身で播磨造船所入社後、海軍艦政本部で軍艦建造に携わった経験をもつ真藤恒が就任した。

NBCは日本で溶接技術とブロック工法による大型輸送船の建造に積極的に乗り出すことになる。溶接技術については、米国から専門技術者が来日して、日本の作業者に直接、教育を行った。参加者は呉造船所関係者だけではなく、他の造船会社の技術者たちも参加した。

NBCのブロック工法は、製造技術面だけではなく、大型船の建造におけるブロック工法の可能性を意識した設計思想などを日本の造船業界に普及させる上できわめて大きな役割を果たした。NBCの参入によって、日本の三菱重工、石川島播磨、三井造船、日立造船、川崎造船、日本鋼管などの造船企業も大型船舶、さらには超大型タンカーなどの建造に乗り出した。

いうまでもなく、技術はつねに需要と供給のぶつかり合いのなかで模索され、確立されていくものである。

特に、造船業界の場合、隣接する海運業界の厳しい競争の変化の中で、技術革新が進んでいった。大型や超大型のタンカーは、石炭から石油へというエネルギー革命による海運業者の運輸コストの削減競争の激化の下で登場することになった。その後、大型化の競争が、高速化——スピード——の競争を生み出し、より高出力の船舶用ディーゼルエンジンなどの開発と、波抵抗の少ない設計という面での技術革新を促していくことになる。

また、鉱石、液化石油ガスや天然ガスなど特殊用途向けの専用船の需要、あるいは陸上交通と海上交通を連続させて総輸送コストを削減させるコンテナ輸送が拡大すると、コンテナ船の建造などが短期間に急増していく。さらには、船員の賃金抑制を強く意識した自動化技術も要求されるようになった。

かつての大型船建造の時代、設備や施設には巨額な資本の投資が必要であり、政府の計画造船政策によって中小造船会社と大手造船会社との間に成長格差が生じて行く。だが、船舶需要が細分化されるにつれ、大手造船会社もまた経営革新を迫られ、さらに、アジア諸国などとの競合関係も強まっていくことになる。

ここで注視しておくべきは、溶接技術にせよ、ブロック工法にせよ、大企業において早期に確立した技術がどのようにして中小造船業者に移転されていったかである。あるいは、中小造船業が市場細分化の時代に、どのように技術革新に対応していったのか。この視点は重要である。

技術移転とは単に最新鋭の機械や設備の購入によって進展するものではなく、多くの場合、技術者という人材の養成、さらにはその能力向上によって行われるものである。わが国における造船技術者の養成機関としては、明治二六［一八九三］年に設置された東京大学工学部造船学科が長期にわたって唯一の専門家養成機関であったが、大正期に九州大学——大正一〇［一九二一］年の造船学科——、昭和期になって大阪大学——

昭和四［一九二九］年の大阪工業大学造船学科――が付け加わった。

専門学校としては、横浜高等工業学校――後の横浜国立大学――に造船学科――昭和四［一九二九］年設置――があっただけであったが、敗戦の前年には徳島高等工業学校――後の徳島大学工学部――に造船学科が設けられた。さらに、戦時中の船舶需要の急増に応えるために、大阪、広島、長崎――川南（長崎）造船専門学校をへて戦後は長崎造船短期大学――に公立専門学校が設けられたほか、私立では九州の明治工業専門学校に造船科が設置された。彼ら技術者はもっぱら大手・中手――中堅――造船会社に吸収され、さまざまな船舶を設計、建造する中で専門知識や技術を高めていった。

技術移転ということでは、そうした人材のスピンオフ効果がどの程度であったのだろうか。造船技術などは技術者や作業者が独立開業した自工場で、その従業員たちに伝え、さらにそうした人たちが独立することで技術移転が進んでいくものである。

また、造船技術に関する業界のスピルオーバー効果はどうであったろうか。造船学科が設けられた学校の数が極めて少なく、限られた数の技術者たちが学会や研究会を構成していれば、必然、そこには少数者ゆえの濃密な人的関係――インナーサークル――が築かれ、それぞれの専門知識のスピルオーバー効果が高まることになる。このことで、直接人材のスピンオフがなくても、造船業界全体の技術水準が向上することになる。高柳もこうしたスピルオーバー効果による技術移転――産学連携も含め――が大きかったことが日本の造船業の特徴――短期間で技術水準が向上したこと――であったと、つぎのように指摘する。

「わが国の戦後の造船技術については著しい特徴がある。通常の産業の会社のケースとは全く異なっている。それは、技術の共同性、公開性であって、一社で全く技術を独占していないことである。戦後の造船技術の発達は、造船協会を中心とした、学界業界あげての技術研究の結果である……この技術の公開性のおかげで、日本の造船会社は中小の造船所まで、大手の造船所と同じレベルの技術を駆使することができたのである。……地方の中小造船各社が技術的水準では、技術が公開されていたため、大手と同水準にあったためといえよう。」

戦前の発注側の海運会社や海軍が優秀な技術者集団をもち、特定の大手造船会社に建造依頼をしていた構造は、敗戦で海運会社や海軍などが大きな痛手を受けたことで崩れる。敗戦によって、海軍工廠などから、人材が民間企業などへと放出――スピンオフ――されていくことになった。

他方で、スピルオーバー効果による技術移転によって、企業間の技術水準にさほど大きな差異がなくなった。この場合、大企業と中小企業とのより本質的な相違は造船業において何であったのか。

この設問への解答の一つは、技術水準において顕著な差異がないゆえに、大手造船業は造船とは異なる分野へ事業を拡大させざるを得なくなった、いわゆる多角化戦略の展開である。

他方、造船業に特化せざるをえなかった中小造船業者が、より厳しい対応を迫られることになったのは、アジア諸国などとの競争関係の激化のためであった。溶接技術とブロック工法という標準化された技術体系の下では、作業員の賃金コストの面で国際競争に打ち勝てなくなったのである。

工業経営と諸環境

A氏の場合、高度成長が始まる昭和三〇年代初頭に県立高校の定時制農業科を卒業した。当時の定時制は夜間ではなく昼間の授業であり、実家の農業を手伝いながら、週に三日ほど通学したという。しかし、A氏が生まれた地域には戦前からの造船所が多くあり、造船業への興味と関心はきわめて自然なものであったろう。A氏は高校を卒業後、NBC呉造船所に臨時工として採用され、溶接技術などを習得することになる。

A氏がNBC呉造船所で働くようになった昭和三一［一九五六］年は、わが国の年間造船量が世界第一位となった年でもあった。いわゆる戦後の第一次輸出船ブームのころであった。その後、スエズ運河が再開されたことで海上輸送運賃が急落したうえに、欧米経済の景気後退で船舶需要は減少したが、貨物船などの代替需要が増加したことにより、第二次輸出船ブームが起こり、日本の造船業は活況を呈する。

三年半後にA氏が岡山県の三井造船玉野事業所に移ったころには、日本の造船所は競って大型船建造設備の新設に乗り出した。三井造船は大正六［一九一七］年に三井物産造船部——川村造船所——として始まり、その二年後に岡山県玉野に造船所が設けられた。第二次大戦下、同造船所は三井物産から独立して、三井造船株式会社と改名された。

三井造船玉野事業所は、他の大手造船所が戦時中に米軍の空襲被害を受けたなかにあって、無傷で、戦後のわが国造船業の復興に大きな役割を果たすことになる。その特徴はディーゼルエンジンなど機械部門を保有してきたことである。

A氏はこの大手造船所に五年半勤務した後、地元の企業で約二年働き、三一歳で独立を果たした。昭和四二［一九六七］年のことであった。この年、スエズ運河が再度閉鎖されたことで大型タンカー需要が拡大し、また、ベトナム戦争の激化による貨物船需要の増大によって、第三次輸出船ブームが到来していた。

独立のきっかけは、最後に勤務した企業で溶接製品のロータリ式乾燥庫を思いつき、自らその事業化を願い出たが聞き入れられなかったことであった。下請工五〜六人を雇い自ら事業を起こし、さらに約二年後の昭和四〇年代半ば、鉄・非鉄金属の加工販売の会社を呉市で起こしている。

当時は、日本の造船業も大きく成長している時期であり、そうした経済環境のなかでA氏は三年半後に故郷に船体ブロックと船殻部分の製造工場を新設して、造船用ブロック製造に本格的に参入している。主要納入先は、タンカー建造で生産性を向上できるブロック工法を積極的に導入し、船体ブロックを必要としていた石川島播磨重工業呉造船所であった。

造船業に限らず、工業経営が製品の需要変動の大きな影響を受けることはいうまでもない。製造業において技術障壁と資本障壁を克服して新規分野に参入しても、現実の事業の継続性はその製品のもつ市場性にある。したがって、その製品需要が拡大期にあるのか、あるいは縮小期であるかの経済環境によって、参入動機は大きく異なる。

A氏の場合は、わが国造船産業が大型タンカーなどの建造で成長しつつあった時期に参入したことで、船体ブロックの製造設備も短期間に拡大できた。だが、昭和四六［一九七一］年のニクソンショック、昭和四八［一九七三］年の第一次石油ショックとその後の円高によって、日本の多くの造船所は過剰設備に苦しむことになる。この時期前後のわが国造船業――船舶製造・修理業・船用機関製造業――の姿を統計的に確認しておこう。

年	事業所数	従業者数	製造品出荷額（百万円）
昭和三七［一九六二］年	四七七二	一七八九二六	一三七五〇五
昭和四二［一九六七］年	五〇八三	二〇一九三五	三二五六〇八
昭和四七［一九七二］年	五七四八	二四四三九〇	七八八一三三

昭和四八〔一九七三〕年	五五九九	二四八六四〇	一〇九九八六六
昭和四九〔一九七四〕年	五四六二	二四五七七五	一三〇四九六六
昭和五〇〔一九七五〕年	五七六六	二五五九六三	一二六六三一九

A氏が創業した昭和四二〔一九六七〕年以降、新規参入や既存造船所の増設があり、造船関係の事業所数は増加傾向にあった。その後、石油ショックなどによる造船不況を反映して、事業所数は昭和四八〔一九七三〕年、昭和四九〔一九七四〕年は減少したものの、昭和五〇〔一九七五〕年には再び増加に転じている。こうした造船業のうち、鋼船製造・修理業、船体ブロック製造業、木船製造・修理業、舟艇製造・修理業、船用機関製造業をみておこう。

まず、鋼船製造・修理業については、昭和三七〔一九六二〕年から昭和四七〔一九七二〕年までのわずか十年で事業所数は三倍近くの増加となっており、昭和四〇年代に事業所数が急増したことが確認できる。ただし、この間の従業者数の伸びは事業所数のそれ程ではなかった。このことは、中小規模の事業所の増加があったことを反映している。また、製造品出荷額は昭和三七〔一九六二〕年から昭和五〇〔一九七五〕年にかけて約七・八倍の増加となっている。

〈鋼船製造・修理業〉

年	事業所数	従業者数	製造品出荷額（百万円）
昭和三七〔一九六二〕年	三四一	一二五〇三七	三六六三八八
昭和四二〔一九六七〕年	五七五	一五一二八四	八四四〇二六

昭和四七〔一九七二〕年	九九九	一八五〇二五	一七二一三九四
昭和四八〔一九七三〕年	九七八	一八七七七七	二〇五四四五六
昭和四九〔一九七四〕年	九七一	一九一四四四	二四七五二〇九
昭和五〇〔一九七五〕年	一〇六四	一九四五四五	二八四四〇三七

A氏が参入したブロック製造業の事業所についてみれば、タンカーの量産化に大きく寄与したブロック工法の普及に呼応して、事業所の顕著な増加がみられる。昭和四七〔一九七二〕年からの三年間で事業所数は二・二倍、従業者数は二倍、製造品出荷額については四・三倍以上の大幅な増加となっていた。

〈船体ブロック製造業〉

年	事業所数	従業者数	製造品出荷額（百万円）
昭和三七〔一九六二〕年	一一九	五三三七	一九七〇七
昭和四八〔一九七三〕年	一五三	七四一五	三四三三三
昭和四九〔一九七四〕年	一八〇	八八八七	五八六一五
昭和五〇〔一九七五〕年	二六五	一〇六四八	八四九五四

また、木船については、戦後の一時期を除いて、ファイバー船が登場したこともあり大きな転機を迎えていた。一般船舶では、木船に代わって鋼船が主流になっていく。その結果、木船造船所は、鋼船とは対照的に昭和四〇年代半ばから大幅に急減していった。他方、舟艇製造や修理については一定の需要があり、事業

所数は大きな減少はみていない。

〈木船製造・修理業〉

年	事業所数	従業者数	製造品出荷額（百万円）
昭和三七〔一九六二〕年	一一四五	一四〇八九	一二五〇四
昭和四二〔一九六七〕年	一四七五	一一一二一	一三九七五
昭和四七〔一九七二〕年	五八二	三三二〇	六八七九
昭和四八〔一九七三〕年	四二二	二五三二	六六九六
昭和四九〔一九七四〕年	三八九	二〇二六	六四〇一
昭和五〇〔一九七五〕年	三五六	一九二五	一三二一六

〈舟艇製造・修理業〉

年	事業所数	従業者数	製造品出荷額（百万円）
昭和三七〔一九六二〕年	一八一二	四五二四	一二五二
昭和四二〔一九六七〕年	一五九〇	四五〇五	三五八七
昭和四七〔一九七二〕年	二三二七	一〇九九一	二三五二六
昭和四八〔一九七三〕年	二一六八	一一四九四	三〇七七六
昭和四九〔一九七四〕年	二〇六九	一〇六九一	三九〇〇六
昭和五〇〔一九七五〕年	二一三四	一一一五一	四五六九四

大手造船所を中心としてその周辺に部品製造や部品加工の下請工場群をもつ船用機関製造業についてみれば、つぎのように堅調な動きがみられた。

〈船用機関製造業〉

年	事業所数	従業者数	製造品出荷額（百万円）
昭和三七［一九六二］年	一四七四	三五二七六	六〇五〇一
昭和四二［一九六七］年	一四四三	三五〇二五	一二六四七三
昭和四七［一九七二］年	一八二三	三九七一七	二五三八三一
昭和四八［一九七三］年	一八七八	三九四二二	二九四九七四
昭和四九［一九七四］年	一八五三	三三〇三七	二九三七三九
昭和五〇［一九七五］年	一九五三	三七六九四	三七六七五八

その後、わが国の造船業は昭和五三［一九七八］年の「特定不況産業安定臨時措置法」で特定不況業種——構造不況業種——に指定されることになる。同年、海運造船合理化審議会（委員長・永野重雄）は運輸大臣に対して造船業界のあり方に関する答申を行った。不況に苦しむ日本の海運・造船業界について、海運造船合理化審議会は『答申書』でつぎのように問題を整理し、その課題を指摘している。

「円相場の上昇により受注量は更に減少し、これに加えて船価の低落、既契約船のキャンセル、ドル建契約船の為替差損等が発生し、造船業の経営に新たな負担が加えられるとともに、他方、発展途上国の造船業の台頭がみられるなど我が国造船業界をとりまく環境は一段と厳しさを増している。このため、外航船の建造を主体とする五、〇〇〇総トン以上の建造施設を有する造船業にあっては、大幅な需給の不均衡が長期的に継続するものと思われ、構造的不況の様相を呈している。このような状況を反映して、これらの企業の経営状況も急速に悪化し、企業体力の劣る中手以下の造船業の倒産が相次いで発生している。」『答申書』は需給ギャップが容易に改善しないとの認識に立って、ドラスチックな設備削減を「一年程度の間に実施する必要性」を明示した。具体案として、大手七社については処理率四〇%、中手（一万総トン建造能力で年間一〇万～一〇〇万総トンの建造量）一七社で三〇%、中手一六社（同、年間一〇万総トン未満）で二七%、その他二一社で一五%の目標が示された。

同時に、『答申書』は「造船所が保有する設備と技術を活用できる分野を開拓し、積極的に事業転換を図っていく必要があり、これに伴う所要資金の確保に努める必要がある」と政府に提案した。要するに、海運造船合理化審議会は、造船だけで経営が維持できる時代の終焉を告げていたことになるのである。

これを受けて、日本の造船業界は昭和五五〔一九八〇〕年に「第一次設備削減」、昭和六三〔一九八八〕年に「第二次設備削減」を行っている。一連の計画案の数字によって示された造船能力の削減は、ピーク時のほぼ半分以下に及んだ。この結果、先にもみたように、日本の造船所は設備だけではなく、大幅な人員削減――本工のみならず臨時工も含め――を行った。

前述のA氏も、当然、昭和五〇年代の造船不況の影響を大きく受けた。この時期、従業員の大幅削減を行い、大胆に既存事業を縮小する一方で、活路を大型タンカーなどの解体事業に見出し、北海道函館に事業所を開設している。船体ブロックの建造で培った溶接技術が解体においても役立ったのだが、同業他社の倒産や合併が相次ぎきわめて厳しい経営環境のなかで生き残ったのは、日本で採算を取るのが困難になったブロック建造をインドネシアで手掛けることで活路を見出したことにも依った。A氏にとって、インドネシアでの事業は必ずしも収益に貢献しなかったものの、海外進出によって海外の潜在需要などを実際に確かめることが大きかった。現在は、主力である従来からの船体ブロック、箱形・全開バージなど各種バージ、積箱型・全開型搬船に加え、風力発電タワーなども手掛けている。さらに子会社を設立し新工場を購入して新事業を立ち上げ、インドネシア企業などから揚炭機船を受注、中国にも子会社を設立し日中間の分業体制を構築してきている。

現在、世界の造船量の多くは、日本の九州や瀬戸内海地域、韓国の南部、中国の上海や大連という、いわゆる「造船トライアングル」に集中している。(社)日本造船工業会の資料によれば、たとえば、平成二一[二〇〇九]年の造船受注量(総トン)で日中韓は世界全体の九四・五%、竣工量(総トン)で九〇・五%を占めるようになっている。

このような造船業界にあって、A氏の中国への進出決断はきわめて早い時期に行われている。A氏に限らず、日本の造船業界は形状が複雑で高度な加工が必要とされる船体ブロックを国内で製作する一方で、比較的加工が容易な部分は中国などから輸入するといった分業体制をますます進展させている。

また、新規事業という面では――厳密にそうとはいえないまでも――、従来の廃船解体処理でのノウハウを生かし、工場などのアスベスト(石綿)無害化工事、廃船処理、産業廃棄物収集運搬事業なども手掛けている。わが国造船業の転換・多角化にあって、A氏の場合、自社技術を中核に関連分野へその事業を拡大させるきわめてオーソドックスな方向をとってきている。

工業と市場の狭間

前章でふれたように、日本の造船業は戦後の賠償対象とならず、その全面解体を逃れることができた。しかしながら、手元にある程度の資材は残ったものの、占領政策の下で市場開拓に苦慮することになる。造船所の中には、旧海軍艦艇の解体、沈没引揚げ船の修理、在外日本人の引揚げ用に米国から貸与されたリバティー型艦船の艤装、総司令部から許可された漁船や日本沿岸航路輸送用の船舶などの建造で一息ついたところもあるが、戦後の混乱期にあって、多くの造船所は苦しい状況が続いていた。

経済学者の寺谷武明は『造船業の復興と発展』で、当時の状況を「総司令部が許可した……各種の建造船は合計九四九隻、約五六万総トンに達した。ほぼ二ヵ年で建造を修了する予定であり、ともかく一年約二八万総トンの工事量が与えられ、当時の年間建造推定能力八〇万総トンに対し三五％の低操業率にとどまるが、ようやく息をつくことができた」と述べた上で、多くの造船所の実態をつぎのように紹介している。

「各造船所は、敗戦直後から船舶の建造を禁止されていたので、手持ち材料を利用して、鍋、釜、バケツ、米びつ、たらいなどの家庭用品、あるいは鍬、足踏み脱穀機、藁打機など農業製品を作ったりしていたが、一九四六年いっぱいで打ち切り、建造許可船の工事へと移っていった。」

戦後の日本造船業はこのようにして再開していったが、その後も市場問題が造船業界にのしかかることになる。海軍艦船という「安定」的需要を失った造船業界が、大きな期待を寄せたのは海運会社からの発注であり、したがって、海運業者の復興なくして、わが国造船業の回復は困難であった。こうした状況下で、政府の計画造船政策が始まるのである。

すなわち、資材と資金の制約があった当時において、政府はその資金援助計画の下で海運業者に船舶建造――発注――を促したのである。それは、政府（＝運輸省）管轄下の船舶公団が年度ごとに船首別の建造トン数を算出して、その必要資金を国庫から支出し、建造希望船主（＝海運業者）を選定して造船所に発注させるやり方であった。

前述の寺谷は計画造船の果たした役割について、「造船業がいかに計画造船への依存度が高かったか、換言すれば計画造船が一定の操業を保証し造船業の復興へ大いに寄与した……一九五五年頃から輸出船の全盛時代が到来し、日本造船業は世界の王座へと飛び出すのであるが、一〇次（一九五四年度―引用者注）以前の計画造船はそのような飛躍を準備する助走期間であった」と位置づけている。

たしかに、寺谷のいうように、昭和二二［一九四七］年から昭和二九［一九五四］年まで、国内船と輸出船に占める計画造船の総トン数は全体の六割近くに達しており、日本造船業界にとって計画造船はきわめて大きな役割を果たしていた。また、計画造船の対象が一定品質以上の船舶に限られたこともあり、受注造船所の技術力向上の強い刺激策ともなった。

とはいえ、そのような計画造船の影響が、すべての造船所に行き渡ったわけではなかった。計画造船の発注は大手造船所への集中が目立っており、実際に計画造船の恩恵をうけた造船所は、三菱重工の長崎造船所や神戸造船所のほか、播磨造船所、川崎重工、日立造船所などであった。計画造船受注は戦前からの老舗造船業者にとって重要な市場を形成していたのである。

昭和二〇年代の政府主導の市場形成から一変して、昭和三〇年代は日本造船業界にとって大きな躍進時代となる。大型タンカーなどの輸出で日本の造船業が国際競争力において優位に立ったことで、世界市場への参入が可能になっていった。昭和三一〔一九五六〕年には、建造量で日本が前年まで首位を占めていた英国を抜いた。

この時期、輸出市場の拡大に呼応して、日本の造船業界はその建造能力を一挙に拡大させたが、世界市場の市況の大きな影響を被ることになった。これは日本の海運業者が世界市場で大きな位置を占めるだけの資金力と市場支配力を確保できなかったことの裏返しでもあった。昭和三〇年代後半から、大手造船業者が造船部門に特化できず、陸上部門の比重を高めたのにはこのような背景があったのである。造船部門の比重が高い播磨造船と陸上部門に強かった石川島重工の合併に始まって、この時期には三井造船、浦賀船渠、日立造船などの吸収合併が進展した。

さらに、タンカー等の大型化は昭和四〇年代以降も続き、これに対応しうる設備や施設をもった造船所とそうでない造船所の格差が拡大していった。他方で資本の自由化の進展もあり、合併、技術提携などわが国造船業界の再編成が始まっていくことになる。

とりわけ、石川島播磨重工業は呉造船所を吸収合併するなど、積極的な拡大策を取っている。A氏が船体ブロックを製造し、石川島播磨重工業の呉工場に納入し始めたのもこのころである。ほかにも、三井造船と藤永田造船所の合併、日立造船と尾道造船との業務・技術提携、瀬戸田造船への出資、日本鋼管と佐世保重工との業務提携などが行われている。

だが、合併などによる大型ドックの登場は、石油ショックによる世界需要の低迷によって、過剰生産設備となって各社に大きくのしかかることになる。これらの設備はいずれも大型タンカー建造に適したものであり、そうした油送船以外の多様な船舶の建造にはかえってコスト高となっていった。わが国造船業はその後も市場の変動によって構造転換を迫られていくことになる。

第四章　中小企業からの視点

中小企業の原風景

通常、起業には二つの参入障壁がある。一つは資本障壁であり、もう一つは技術障壁である。どのような事業分野であれ、一定額の資本投資と技術的なノウハウがあってはじめて起業が可能となる。

広島県の中小造船業の場合、戦前の起業形態は呉海軍工廠からのスピンオフと、海軍指定工場からのスピンオフによる創業がほとんどである。戦後においては、そうしたスピンオフ企業からさらにスピンオフした企業が登場してくる。とりわけ、造船関連下請工場にはそのようなルーツをもつところが多い。

ただし、そうした下請工業が造船所として自立できたのか、あるいは造船所の下請というかたちでしか存続できなかったのか。換言すれば、完成品メーカーであるか、それとも、加工専業や部品加工専業であるかの二つの存立形態を実質上成立させていた要因は何であるのか。これについては次節で取り上げるとして、まずは、中小企業の原風景としての造船下請工場をみておこう。

造船業の下請工場にはつぎのように、「構外」下請と「構内」下請の二つの形態がある。

(一)構外下請——船台やドックをもつ造船所の設計図に従って、船に組み込まれるさまざまな艤装品を加工する工場である。加工下請と言い換えてもよい。

(二)構内下請——造船所内に事務所をもち、設備や道具類は造船所側のものを借用して、船体加工にかかわる溶接、配管、塗装、機械類の取付け、足場組立て、清掃などの作業にかかわる。

この二つの形態のうち、造船業において依存度が高いのは二番目の構内下請である。発注側である造船所からみれば、船舶需要に応じて柔軟に作業者数を調整できる構内下請は景気変動へのバッファーとして便利な存在である。また、労働集約的な作業においては、本工に比べて労賃コストが安い構内下請工を利用できることのメリットは大きかった。むろん、これを構内下請側から見れば、絶えず需要変動への調節弁として利用され、経営が安定しないことになる。

大阪府立商工経済研究所は、昭和五二［一九七七］年の造船不況下の中堅造船所の構内下請企業五四社の実態調査を行っている（『造船不況下における大阪府造船工業の動向と構内下請の経営実態』）。調査対象企業の属性、作業内容、経営実態はつぎのようになっている（カッコ内は構成比）。

(一)創業時期——戦前が七社（全体の一三%）、昭和二〇年代が一五社（同二六%）、昭和三〇年代が二五社（同四六%）、昭和四〇年代が七社（同一五%）。

(二)従業員規模——九人以下が三社（全体の五%）、二九人以下が一〇社（同一九%）、四九人以下が一六社（同三〇%）、九九人以下が一三社（同二四%）、一〇〇人以上が一二社（同二二%）。

(三)作業内容——単一作業が三〇社（全体の五六%）、複数作業が二四社（同四四%）。

（四）単一作業企業の主たる担当職種──鉄工溶接が八社（全体の二七％）、足場運搬が八社（同二七％）、塗装が四社（同一三％）、配管が三社（同一〇％）、電気工事が三社（同一〇％）。

（五）複数作業企業の主なる担当職種（複数回答）──鉄工溶接が一四社（全体の五八％）、歪取が九社（同三八％）、清掃・その他が九社（同三八％）、機械取付が六社（同二五％）、足場運搬が六社（同二五％）、塗装が五社（同五％）、配管が五社（同二一％）。

（六）受注量（時間数）の変化（昭和四九［一九七四］年～五二［一九七七］年）──減少企業が三九社（全体の七二％）、横ばいが二社（同四％）、増加企業はなし、無記入一三社（同二四％）。

（七）減少幅（同期間）──五〇％以上の減少が二九社（全体の五四％）。

調査対象となった構内下請企業のなかには、戦前から存在している老舗企業もあるが、戦後のわが国造船業の拡張期であった昭和三〇年代以降に創業した企業が半数以上あったことは注目される。

残念ながら創業者の経歴については調査されていないが、おそらく同業者や造船所からのスピンオフ型の創業がほとんどであろう。構内作業は大した機械設備も必要でなく、賃仕事から始めることが可能な分野でもある。作業内容はいずれも労働集約的で、この時期の造船需要の落ち込みをそのまま反映して受注量は激減していることがわかる。

同『報告書』は経営上の問題点として、造船需要そのものの落ち込みの影響に加え、余剰本工を抱える造船所がみずから構内下請的な作業を行っていることによる下請業者の受注量の落ち込み自体が大きな経営課題であることを指摘する。それにしても、わずか三年間に受注量が半減した企業が全体の半数を占めたことは当時の造船不況の深刻さを物語っている。

そうした厳しい経営環境の中で、下請企業の経営者たちはどのような経営方針の転換を迫られたのであろうか。同『報告書』は、「廃業したい」とする企業がまったくみられず、「転業したい」とする企業も深刻化する経営実態の下にあって比較的少ないことに注目している。『報告書』も指摘しているように、これら構内下請企業の多くは、深刻な情勢に至ってもなお造船から離れたくないというのである。同書は「造船に対する根強い執着がうかがわれる」と前置きした上で、そうした経営意識の背景についてつぎのように指摘する。

「この点は、構内下請の経営者の経歴がそもそも構内下請工あるいは親企業本工の出身という、いわゆる船と結びついて歩んできた人たちが多くいることにあると思われるが、実はそれだけに全地域、全企業軒並みに及んでいる造船不況の現状は、構内下請にとってさらに展望が暗い事態を招いているのである。」

わたし自身もこの調査に関係し、構内下請業者や構外下請業者へのインタビューを行った。地元の造船業の発展とともに生きてきた彼らにとって、需要先の多角化——当時の大阪にあっては、成長していた電気機器、あるいは、一般産業機器など——への切り替えが焦眉の急であることが理解できても、実際にどのようにして新たな市場開拓を行うか戸惑っている姿がみられた。多くの業者は、経営者といえども同時に作業者であり、自分たちの業界でのネットワーク作りに熱心であっても、他の業界とのネットワーク作りには必ずしも熱心というわけではなかった。

同研究所は、同じ時期に長崎県や広島県の状況も合わせて調査している。長崎県の場合、「貨物船、冷凍船、RORO船（荷物をトラックなど運搬車ごと乗せる船）など普通船から高付加価値船に至るバラエティーに富んだ実績」をもち、「技術集約性」の高い大手造船所は、従来から本工の多能工化によって構内下請への依存度を下げていた点で大阪の造船業界とは異なることが指摘されている。ただし、造船不況による構内下請の経営実態はこうした地域でも深刻であった。

広島県の造船所の場合、「もともと海軍工廠として出発した特殊事情から他の造船所と比べて構内下請への依存度はがんらい低かった。しかし、それでも造船不況が構内下請に与える影響は痛烈で、現在では下請協会加盟二三社中一〇社が開店休業状態に陥っている。従業員数もピーク時（昭和四五年頃）の二五〇〇人が今では（昭和五二年―引用者注）六〇〇人にすぎず、この間の従業員数の減少割合は七〇％をこえるまでになっている。……別の造船所では下請組合員二三社、うち五社が休業中」と報告されている。

大阪府のみならず、長崎県や広島県の造船業界もまた大きな曲がり角にあり、構内下請業界も大きな変容を迫られていたのである。また、構内下請のみならず、さまざまな下請加工業者もまた同様の問題を抱えていた。この時期以前の実態については、（財）九州経済調査会はA市――長崎市と思われる――の造船下請七社の実態調査を行っている（『造船下請工業の諸問題』昭和三〇［一九五五］年一二月）。調査時点は昭和三〇［一九五五］年であるが、昭和二五［一九五〇］年～二九［一九五四］年までの五年間の経営実態が調査されている。

調査対象となった七社のうち、三社は明治時代の創業、三社は昭和戦前期の創業、一社が戦後の創業となっている。加工内容では、一社のみが機械加工専業、他は鋳造、鍛造、製缶、機械加工と複数の加工を行っている。従業員数は一四人から六八人の間である。取引先は、一社のみが地元の大手造船所――三菱重工――の専業下請であるが、他は複数の造船所、米海軍、九州電力、炭鉱などと取引がある。

各社とも朝鮮戦争による特需の影響がきわめて大きく、昭和二六［一九五一］年から受注額が急増している。だが、その後、造船不況となり、各社とも受注競争の激化から受注単価が下落し、取引先からの支払条件も悪化している。うち二社は昭和二五［一九五〇］年の水準を下回り、深刻な経営状態が報告されている。

同『報告書』は最後に「下請企業が不特定多数の親企業のもとで浮動化していること、および材料・資金支給が減退しているということ、これが最近の『下請制』の特徴である。このような特徴はまた下請企業の危機の契機となっている」と前置きしたうえで、当時の現状をつぎのように総括している。

「下請企業が多数の親企業の少ない発注量のもとでひしめきあっているような状態のもとで、下請企業は『競争入札』制によって受注単価を切り下げられ、……下請代金支払の引延しによる親企業の資金繰り負担の転化《ママ》は……下請企業の『資金難』を倍加している。……かかる状態のもとで下請企業の生産諸条件の悪化は著しい。機械・設備の老朽化、修繕機械の放置、労働条件の悪化はその有力な指標である。かくてこそまた下請企業は存在しえているのである。」

この後、昭和四七［一九七二］年に、同調査会は九州だけではなく、山口県も含めた造船業の調査を発表している（『大型投資と中小造船業の展開方向』）。この時期は、朝鮮戦争特需が終わったことで苦境に陥ったものの、その後の高度成長下の船舶需要の増大で、大阪の造船所が九州に新たな船台を設けるなど九州の造船業が活況を呈していたころである。不安定な発注量の下でひしめきあい経営の悪化に苦しんでいた下請工場も、一転して、大手造船所のみならず中堅・中小造船所の積極的な生産拡大による恩恵を受けつつあった。しかし、同時に造船工不足による工賃の高騰に苦慮していた。

同『報告書』は「九州の中小造船業も昭和四〇年代の造船ブームの余恵を受けて内部にいろんな問題をはらみつつも、今日も比較的順調に成長してきた。昭和三〇年代の激動の時代に比べると大きな違いである」と述べたうえで、再び船舶需要の変動が予想され、超大型船台やドックの増加がやがて造船需給の不均衡の時代に結びつくことを懸念している。その後の展開は、大阪府立商工経済研究所の調査結果にあるとおりである。

こうしてみると、中小企業、より正確には中小零細工場の原風景は当時から現在に至るまで同じようなかたちで継承されていることに気づかされる。そこには、造船業界だけではなく、加工組立型産業全般に共通する、不況の度ごとに繰り返される受注減少とその下での業界再編成の姿がある。

既存企業の子会社や関係会社の設立という形態は別として、ほとんどの中小企業は自営業として創業され、家族経営のかたちをとる。そうした起業については、どのような産業分野あるいは事業分野であろうと、繰り返しになるが、二つの参入障壁——資本障壁と技術障壁——があり、これを超えることが必要である。

資本障壁とは、製造業の場合、工場建屋や工場設備などの購入や建設に必要な資金であり、その多寡は加工分野によって大きく異なる。また、そのような資本が用意できても、加工技術がなければ実際の創業は困難であり、一定水準以上の技術的な知識や経験も必要なのである。

ただし、現実にはこの二つの障壁はあくまでも参入のためであって、その後の事業の継続性を必ずしも保証するものではない。事業の継続にとってもっとも重要なのは、参入した事業分野でのその後の需要の安定性である。

しかし、独自の市場開拓を積極的に多額の資金を投下して行うことは多くの中小企業とりわけ新規企業にとっては困難であり、当座の受注が確保しやすい下請企業としてのスタートするケースが多いのである。この点については、後でくわしく取り上げることとして、まずは中小企業に共通する典型的な二つの経営類型を示しておこう。

（一）下請型創業から下請型中小企業へ――わが国において事業所数の増加がもっとも顕著であった高度経済成長期において(*)、町工場などで技術や技能を一定期間内に習得したあと、そうした「親」企業からの下請受注を前提に独立した創業形態である。現場作業に従事することで一定の技術や技能を習得するだけで精一杯であり、市場開拓や財務管理など経営の専門的な知識や経験を蓄積する時間のないままに事業をスタートさせた創業者にとって、下請型創業がもっともリスクの少ないかたちでもあった。反面、その成長は主要取引先の企業の経営動態に大きく左右されることになり、成長しても下請型中小企業の範疇から大きく変わることはない経営類型である。

（二）下請型創業から独立型中小企業へ――当初は下請型創業のかたちをとるが、その後、主要取引先の需要変動による経営危機への対処、あるいは、経営者の脱下請という強い意識の下での独自技術の開発によって、特定企業あるいは特定産業以外の受注先を確保して独立型中小企業へと転換を遂げる経営類型である。

＊詳細については、つぎの拙著を参照のこと。寺岡寛『日本の中小企業政策』有斐閣（一九九七年）、同『日本型中小企業―試練と再定義の時代―』信山社（一九九八年）、同『中小企業の社会学―もうひとつの日本社会論―』信山社（二〇〇二年）。

二つの経営類型形態のうち、多くの中小企業経営者の「夢」は、二番目の独立型中小企業への移行であり、その鍵を握るのは〈研究開発→設計→市場開拓→受注→アフターサービス〉といういわゆる事業展開上のバリューチェインを自己制御できるかどうかである。もっとも実現性の高い方向は専門企業化であり、それも一部の加工を担当するだけではなく、最終市場に結びついた完成品や専門部品をもっていることである。

造船業の場合、小型船や特殊船の分野で、そうした独立型中小企業がみられてきた。ただし、それらの企業は造船需要の縮小均衡時に中堅企業以上の造船所との厳しい競争にさらされてきた。そのためもあって、造船にかかわる専門部品や船用エンジンの分野で独立型中小企業——途中で大手造船所の資本参加もみられたが——も一定数みられてきたのである。

たとえば、四国を拠点とする船用ディーゼルエンジンの老舗メーカーの場合、明治四三［一九一〇］年に創業され、技術蓄積などの苦心の末、大正期になり船用焼玉エンジンを完成させ、昭和初期にディーゼルエンジンの分野へと移行し、大手メーカーとは競合しない船用小型ディーゼルエンジンに特化していった。

研究開発志向の強い同社は、昭和四八［一九七三］年には、日本の船用ディーゼルエンジンのトップ企業と技術協定を結び、また、その企業と長年技術協力関係をもってきたデンマークの世界的メーカーともライセンス契約を結び、さらに高度な船用小型エンジン——一万～三万トン級船舶用——の開発と生産を得意とする製品分野を確立したことで世界的に知られるようになり、中小企業から中堅企業へと育ってきている。

同社は戦後繰り返されてきた船舶需要の激しい変動にも関わらず、成長を遂げた。この企業の成長を安定的に支えてきたのは、船主の細かい要求に応えることができた技術力と、大手船用ディーゼル企業とは比較的競合しない小型エンジンの世界市場の開拓であった。

同様のケースはベトナムにも工場を有する岡山県の船用プロペラ（スクリュー）企業についてもみられる。大正一五［一九二六］年設立の同社は漁船用プロペラの製造から始め、朝鮮戦争の時期に米国艦艇への納入機会を得たことから、大型プロペラの製造へと移っていくことになる。その後、英国やドイツの専門メーカーとの技術提携を通じて可変ピッチ・プロペラ技術を蓄積しつつ、自社開発力を高め、船用プロペラメーカーとして世界的によく知られるようになっている。

また、同社はプロペラといった造船部門を中心としつつも、それまでの鋳造技術や設計技術を生かして人工関節部門やエンジニアリング部門などへも積極的に進出しており、これは、造船技術をベースに他分野へ進出する、一つのあるべき方向性を指し示している。

船用の専門部品企業ということでは、尾道周辺の中小企業に着目しておいてよい。ディーゼルエンジン用の加熱器専門企業、かじやプロペラを取り付ける部分の船体ブロック専門企業、非常用発電機モジュール企業、ハッチカバー企業などがある。

中小企業と経営学

従来の経営学において、中小企業の経営形態や経営手法に着目して、そうした企業のマネジメントを経営のあるべき姿として取り上げ、積極的に取り込んできたとは言い難い。(*) つまり、中小企業に関しては、多くの場合「経営学」として語られず、「経営論」の一つとして語られてきたのである。

*むろん、中小企業経営が全く取り上げられなかったというわけではない。とりわけ、米国などでは毎年といってよいほどに、さまざまな中小企業経営論（Small Business Management）が刊行されている。それらはしばしば「実践的」という修飾語がどこかに冠されていることからもわかるように、きわめて実践的な財務、市場戦略、税法などの知識が簡潔にまとめられているものから、元の経営者の自慢話まがいの経営論まである。いずれにせよ、経営学体系にそったかたちでの著作とは言い難い。

ここで経営学を経営学史の流れにそってとらえれば、商業学校など実業学校で教えられていたバラバラな実務諸科目が学術機関である大学などで取り上げられるようになったことで、個別経営論は他の学問分野と関連づけられ統合されていくことになる。他の学問分野といって、もっとも近接しているのは経済学であり、経営が経済学からとらえ直されたのは自然な流れであった。経営経済学としての経営学が多くの国において存在してきたのである。

興味を引くのは、資本主義発展の先発国であった英国あたりでは経済学は発達しても経営学はそれほどでなく、経営学はむしろ英国の目覚ましい経済発展を眺めていたドイツなどで発達していったことである。ドイツの経営学の流れをみると、当初は家内的手工業やそうした製品を扱う地域商業が関心の中心となったため、この時点での経営学とは商学に関連する実務的知識を集めた商業経営学であり、技術的経営学であった。その後、ドイツにおいても近代工業の発達をみたことで、家内的手工業や商業などの分野でも従来の経営規模——従業員数のみならず資本額においても——を遥かに超える近代工場が登場し、経営学の考察対象もそのような大規模組織の維持運営のあり方に向った。

一九世紀末からの資本主義発展と経営類型との関係についてみれば、米国の経営史家アルフレッド・チャンドラー（一九一八〜二〇〇七）は、『スケール・アンド・スコープ—産業資本主義のダイナミズム—』（邦訳『スケール・アンド・スコープ—経営力発展の国際比較—』）で、一九世紀半ば以降から第二次大戦勃発までのドイツ、英国と米国における資本主義発展とそこに主導的な役割を果たすようになった大企業経営の型をつぎのように提示している。

（一）ドイツ（協調的経営者資本主義）——ドイツにおいては、「近代産業企業の相互間の協調が生まれた……大銀行が新たな産業企業にたいして初期資本を提供する場合、このような協調はさらに大銀行によっても促進された。銀行は多くの企業に投資するので、通常は競争よりも協調を好んだ。」

(二)米国（競争的経営者資本主義）――「アメリカでは、新しい産業はほとんど例外なく、独占ではなく寡占となった。……この寡占体制において、新しい経営者企業は市場シェアと利益をめぐって、職能的にまた戦略的に競争しつづけた。」

(三)英国（個人資本主義）――「イギリスの産業企業家は契約による協調を通して勢力を維持することに成功した。このことは、アメリカよりもイギリスにおいて大企業の中で個人的経営という方法がはるかに長続きした一つの理由である。もう一つの理由は、国内市場が地理的に密集していたこととその成長が緩慢であったことである。」

これら三つの類型は、チャンドラーの指摘のように、それぞれの国における市場、技術、資金調達、経営者の社会的出自の違いの現れであるが、そこに共通するのは、経営者には、組織の維持管理に必要な組織的思考、全体像を把握するための数値的思考、市場でのシェア拡大や維持のための戦略的思考が必要となっていたことである。

当時は企業数からみれば、多くの中小企業が残存していたが、こうした中小企業群から抜け出て、巨額の資本調達を行うことができた企業はやがて大企業へと規模拡大を遂げ、それぞれの国民経済に大きな役割を果たし始める。その後の経営学はこうした大企業時代の到来という流れにそって発展していくことになるのである。

とりわけ、米国は、英国などとは異なり専門的経営層の定着が早く、市場競争も厳しく、また、欧州各国などと比べて共通の文化共有領域が少ない移民社会であるため、はやくから人間関係的組織思考と合理化思考を統合するような経営学が模索されていくことになる(*)。

＊詳細はつぎの拙著を参照。寺岡寛『経営学の逆説―経営論とイデオロギー―』税務経理協会（二〇〇八年）、あるいは日米経営比較論については、寺岡寛『経営学講義―世界に通じるマネジメント―』税務経理協会（二〇一二年）。

その流れの中にあって、成功のシンボルとしての「富」――money-making――と利害調整のための法律という米国文化が形成される。富と中小企業（Small Business）はつねにアメリカンドリームというもう一つの米国文化――イデオロギー――として再生産されたが、(＊)現実には大企業による寡占化が短期間に進むことになるのである。

＊米国における中小企業文化の形成については、つぎの拙著を参照。寺岡寛『アメリカの中小企業政策』信山社（一九九〇年）、同『アメリカ中小企業論』信山社（一九九四年）。

米国流の経営学は、いずれも暗黙裡に大企業や成長企業の分析を前提としており、企業活動をいかに効率的に行うかに主眼が置かれ、ある一定規模に達した段階での企業の運営原理などを主たる考察の対象とした。必然、企業のもっとも原初的な創業形態である自営業や家族企業といった小規模段階の企業家行動などは、多分に経営教訓的で物語的――narrative――な個別経営論で扱われる場合は別として、経営学において十分に取り上げられたとはいえなかった。

その背景には、企業活動、とりわけ、経営にあたる人たちの意思決定が、経営学の想定する一定の経営的合理性の原理において必ずしも正しくとらえることのできないものと解釈されたことがあった。(＊)だが、財務論などが提示する数値的思考とは大きくかけ離れ、表面的にきわめて直観的に見えるような意思決定が、その時点では成功する見込みがなくても、結果としてその後の企業成長にとって大きなきっかけとなったことも多いのである。

＊この意味では、そうした経営規模段階での分析手法は社会学に負うことが多い。この点については、つぎの拙著を参照のこと。寺岡寛『中小企業の社会学―もうひとつの日本社会論―』信山社（二〇〇〇年）。経営における直観については、寺岡寛『経営学講義―世界に通じるマネジメント―』税務経理協会（二〇一二年）を参照。

元来、数値把握に基づくマネジメント思考には制約がある。たとえば、企業経営者が市場変動や競合者の出現に対処するために、それまでのやり方を見直し新たな経営計画を立て、その実現可能性について財務的指標や経験値的な指標によって、五つぐらいの計画実施案を絞り込んだとしよう。しかし、多くの場合、そこからさらに一つの事業計画に絞り込むのに経営者は日々悩むことになる。

実際のところ、この五つの計画案の差異は必ずしも大きいものではない。また、それぞれの計画案が想定している与件や前提は経営者自らがつくりだすことができないゆえに、まさにそれらは計画「案」なのである。要するに、誤解を恐れずに結論を先取りしておけば、決定と実行との間に時間差があるかぎり与件はつねに変化し、どれを選択しても所期の目的どおりにはうまく行かないのである。

そこにマネジメントのもつ根本的かつ本質的な問題と課題がある。つまり、どんなに優れた計画案であっても、意思決定とそれを実行に移す時間が全く同一でない以上、意思決定の際に設定した諸条件がそのまま実行の際にも同じである保証などないのである。むろん、たまたま与件が合致したことでその計画案が有効性をもつこともあるが、必然、その反対もある。

たとえば、製造業であれば、新たな設備投資について意思決定が行われても、実際に生産が開始されるときには、市場だけではなく競合者の戦略もまた変化して、現実の動きに呼応せず、設備投資が過大となり、しばしばそれが経営を悪化させることも多い。好況の時に生産量拡大の設備投資を決定し、不況のときに実行に移されるという場合がその典型である。それは商業の場合でも同じであり、立地場所をとりまく交通事情やライバル商店の立地などによって、当初の計画案がしばしば変更を迫られるものである。あるいは、自国通貨による契約ではなく、外国通貨による契約の場合、いうまでも為替変動によるリスクにつねにさらされることになる。反面、大した考えもなく決定した実行案が予想以上にうまく行くということも現実には起こりうる。先にのべたように、経営者が予想もしなかったものの、与件がたまたま合致した場合などである。

わたしは多くのさまざまな経営者の意思決定に関する調査を行ってきたが、経営者の意思決定はその過程も含めて決して単純なものではありえないという印象を強くもってきた。とりわけ、創業者に自社が大きく成長する転機となった経営上の意志決定——まわりの反対を押し切って——の根拠などを質問したときに返ってくるのは、熟考と数値的思考の綿密な検討の結果というのではなく、がっかりするほどにしばしば「最終的には直観による決断」であったりする。そこにきわめて合理的計算の結果としての決断を期待する経営学者を愕然とさせることも多い。

一般に「直観」は、合理的思考に等値される「理性」あるいは「知性」とは逆で、「感情」によって大きく左右されやすい不合理的な「感覚」とされる。しかしながら、合理的思考が、対象の「部分的」合理性——可視的あるいは量的把握が可能な——を積み重ねてその全体像をとらえる方法であるとすれば、それは全体像を正しくとらえたことになるのであろうか。必ずしもそうでないがゆえに、直観で、対象を「全体的」に一挙にとらえようとする。それは単なる「感性的直観」だけではなく、「知的直観」をも包摂するものとしてとらえられてきた。

知的直観は、その人の理性や知性だけではなく、それまでのさまざまな経験知などを含んだ「より総合的な感性」そのものなのである。米国コロンビア大学ビジネススクールのウイリアム・ダカンは『戦略的直観論―人びとの遺業での創造的ひらめき―』（邦訳『戦略は直観に従う―イノベーションの偉人に学ぶ発想の法則―』）で、そうした直観について、「戦略的直観は、漠然とした予感や本能的な直観のような『単なる直観』とは一線を画す。単なる直観とは感情の一形態であり、思考ではなく感覚である。戦略的直観はその正反対の概念で、感覚ではなく思考なのだ。明確で傑出した思考をもたらす突然のひらめきが、人々の脳裏にある霧を晴らす。ひらめきを得た瞬間、感情的に高揚しつつも、思考自体は冷静沈着である」と述べたうえで、さらにつぎのように指摘する。

「戦略的直観はまた、即断とも異なる。即断とは厳密にいえば『専門的直観』であり、過去の経験値から瞬時の判断を下す、瞬間的な思考の一形態である。……パターン化された類似の状況下でのみ作用する専門的直観は、常に瞬時に起こる。一方、戦略的直観は常にゆっくりと時間をかけて訪れる。とりわけ、斬新なアイデアを必要とする未踏の世界で、戦略的直観はその威力を発揮するのだ。戦略的直観と専門的直観の違いは決定的だ。……人は仕事に順応するに従い、類似した問題をパターン化し、処理スピードを上げることができる。この瞬間、専門的直観が作用している。一方、未知の世界に飛び込むと、脳はゆっくりと時間をかけ、最適解を模索し始める。この際、直観的なひらめきは一瞬で起こるが、その瞬間が到来するまで、何週間も要することがある。……しかし、専門的直観は、過去の経験と未知の世界の間に何らかの類似点を探し出し、戦略的直観の到来を俟たずに即断を下してしまう可能性がある。そこで未知の世界で戦略的直観を十分機能させるためには、専門的直観のスイッチを意図的にオフすることが求められる。」

ダカンと同様にビジネススクールで教鞭をとるわたしには「直観的に」にわかることなのだが、ビジネススクールでは、とりわけ、ケーススタディーをベースに経営戦略を取り上げるときに、ややもすれば、ケーススタディーの対象の企業の抱える問題をパターン化し、それについての戦略もやはりパターン化して模範解答を講義時間内で提示するようなことをやっている。ダカンはそうしたことに疑義を唱え、過去の事例のパターン認識の上に立つ専門的直観だけではなく、経営者にとって重要なのは戦略的直観であり、それを経営戦略論のなかにきちんと捉えなおすべきであると主張しているのである。(*)

＊戦略的直観については、つぎの拙著を参照。寺岡寛『経営学講義―世界に通じるマネジメント―』税務経理協会（二〇一二年）。

だが、戦略的直観という「ひらめき」――Spark――が天才だけがもつ生まつきの才能であり感性であるとすれば、それは元来、個人に内在するものであって、果たしてビジネススクールなどで教育によって身につけられるものだろうか。ダカン自身はこの点については肯定的であるが、与件をパターン化して戦略そのものもパターン化するようなマイケル・ポーターの「戦略論」などにはきわめて批判的である。

ここで中小企業の経営と経営学との関係に再度戻ると、中小企業のような小規模組織においては、成員間でのこうした直観的な経営者の意思決定のあり方や事業運営のやり方が日常において享有されているため、外部者にはきわめてわかりづらい。

経営学における意思決定論、あるいは経営学での経営特質論においては、中小企業はもっぱら資本と経営の分離という「近代企業」観などから遅れた前近代的な、ある種の過渡的な経営形態としてとらえられてきた感は否めない。必然、中小企業経営者はそうした非近代的な精神の持ち主として論じられもしてきた。たとえば、昭和三〇年代から二〇年以上にわたってわが国でもっともよく読まれた古川浩一の『経営学通論』においてもそのような見方が支配的であった。(*)

*興味を引くのは、古川はこの時点ですでに企業の「社会的責任」論を展開していることである。ただし、古川の文脈でいえば、企業は大規模化するにつれ、社会的に目立つ存在になるがゆえに社会の注目を浴びざるをえない点において、自らが社会的存在であることを強く意識すべきと説かれる。

たとえば、古川は「機械化が困難であって、手作業を中心とすることが有利な」分野においては企業に適正規模があることを述べた上で、「近代企業では、その方法が進歩・発達するにつれて、しだいに経営規模は拡大している。近代企業は、大規模経営をその特徴にしているといわれよう。近代企業がしだいに大規模経営となってくるのは、小規模経営の場合よりも、より多くの利点が存しているためである」と指摘する。具体的に、古川はこの利点をつぎの三つの「利益」に整理している。

(一)「大規模経営ではこれら経営活動に従事する人びとの間に、……分業のような利益が得られる」——「明確に分化された専門的仕事だけに専念することができる」、こうした専門化による作業の時間節約や創意工夫の可能性。

(二)大量生産の利益——「大量取引」、「大量生産」によるコストダウン効果の発生。

(三)「対外関係の利益」——「それだけ資本力も大となるから、企業の対外信用が増大する」ため、資本調達が容易になる。

最初の点は、大規模経営になれば専門化と分業化によって生産性が向上することを意味する。(二)と(三)

の点は、資本調達上のメリットで、これらの点は相互に関連する。他方、中小企業はこの反対の極に位置するとみられるゆえに、その存立要因については産業特性論（＝適正規模論）が説かれるのである。それはすでに大正時代に、上田貞次郎たちが社会政策学会などで説いていたことでもあった(＊)。

＊当時の多くの学者と同様にわが国の人口問題に関心を寄せていた上田たちは、日本経済において中小企業が強い残存性――こうした表現自体が当時のマルクス経済学による独占論の影響を受けていた――を示す分野として、①嗜好性の強い技術的な分野、②消費者が分散し、「規模の経済」が働きにくいサービス分野、また、③工業製品でも少量多品種のような大量生産を前提とした機械化が困難な分野、④需要変動の激しい分野を挙げる。詳細はつぎの拙著を参照。寺岡寛『スモールビジネスの経営学―もうひとつのマネジメント論―』信山社（二〇〇三年）。

こうした近代企業論を解く古川は、高度経済成長下で経営規模拡大の著しかった日本企業を強く意識していた。古川は「企業の経営規模の拡大」と「市場占有率拡大による有利な地位の確保」を等値して、「小規模経営と比較して、大規模経営には多くの有利性があげられる……欧米諸国の企業にたいして、ますます大規模経営に成長・発展し、その効率性を高めることが要請されている」ことを強調するとともに、中小企業についても「成長論」をつぎのように展開する。

「わが国において、現在なお多数の中小規模経営の企業が存在しているのである。それにまたそれ相当の理由があることもみのがされてはならない。しかしながら、これらの中小規模企業にあっても、できるだけ大規模経営にともなう有利性をとり入れるように改善・進歩につとめることは、ぜひとも必要である。」

ここでいう古川の「大規模経営にともなう有利性」とは先に述べた「規模の経済」によって達成される利益である。大規模経営に必要な「経営管理の近代的な科学的方法」の探求こそが、古川が対象とする経営学であった。だが、中小企業が規模の経済を享受するだけの経営規模を達成しえない存在であるかぎり、どのような分業の利益を確保できるのだろうか。

必然的に、その方向性は外部経営資源の積極的な活用と、経営における「近代的な科学的方法」の採用ということになる。経営管理上「近代的」とされる科学的方法がもし企業規模に関わりなく可能であったとすれば、問題はどのような中小企業でもまた大規模経営並みの利益を達成できるのかどうかである。ここで問われなければならないのは、「近代的な科学的」管理方法が何たるかである。

第二次大戦の余韻がまだ残っていた昭和二七〔一九五二〕年に、中小企業の経営の合理性を取り上げた一冊の本が刊行された。経営学者の末松玄六の『中小企業の合理的経営―失敗原因とその克服―』である。

末松は中小企業経営の特徴を、「個人的な経営能力」がものをいう人的組織、「ワン・マン・マネジメント」ということばに象徴的に集約させた。要するに、末松は経営者個人が「自己の経営に内在する非合理的な要因」に気づき、合理的な判断をすれば、中小企業もまたそれなりの成長をする可能性があることを示唆しようとしたのである。

末松はこの五年後に『中小企業経営論』を発表して、こうした点を一層強調している。同書で末松は、「紙とインクによる管理」が主流である大企業の経営に対して、中小企業のそれを「直接に目と耳による管理」ということばで象徴させた。

したがって、「直接に目と耳による管理」でカバーできる経営規模を超えると、中小企業の成長は、「仕入、製造、販売、経理、税務、労務、庶務、市場調査、金融、渉外等専門的機能」を担当する人材なくしては困難ということになる。これは当時も現在も中小企業の成長をめぐる古典的な命題であり、中小企業の経営学

が取り組むべき課題でありつづけている。(*)

*詳細は寺岡『スモールビジネスの経営学―もうひとつのマネジメント論―』を参照。

さて、広島県などの造船業における経営実態を、アルフレッド・チャンドラーの「経営類型」論、古川浩一の「近代企業」論、さらには末松玄六の「中小企業の経営学」の観点からとらえると一体何が鮮明に見えてきて、一体何が曖昧にしか見えてこないのだろうか。

まずは、造船企業の経営規模とその創業時期との関係をみておく必要がある。大手造船所あるいは中手造船所は概して明治初期あるいは大正期などに設立されている。現在は大規模企業といえども、初めは小規模経営から創始されたのであり、その競合相手はもっぱら外国企業であった。資本集約的かつ技術集約的な分野への参入は、資本、技術、さらには市場の確保について、国家の保護政策の下に行われた。

国家の保護政策という面では、すでに江戸期から木造船の産地――いまでいえば、造船クラスターということになろうか――であった広島の場合、商船ではなく、呉の海軍工廠が大きな役割を果たした。海軍工廠や工廠と特権的かつ密接な受注関係を形成していた先発グループの造船所は、いわゆるスピンオフによる技術・技能の移転を行う一方で、下請・外注を通じての市場提供などによって、日本の造船業の形成に大きな役割を果たした。

広島県の造船産地全体についてみると、先行した大規模な近代造船所の存在が、それまでの木造船を中心とした家内工業的工場に鋼船工場への転換を促し、中小造船所の創設に大きな刺激を与えていくことになる。これについては本書で何度も指摘したところである。これらの造船所は規模が異なっても、チャンドラーのいうような「協調的経営者資本主義」のかたちをとることなく、市場で競争関係に立つ「競争的経営者資本主義」と「個人資本主義」の双方のかたちをもつものであったといってよい。

家業的企業群のなかから、中手へと規模を拡大した造船所などは「個人資本主義」を体現するような企業家精神を発揮した。他方、小規模な加工専業者にとどまったところ、戦後の幾度かの造船不況の中で倒産・廃業を迫られたところもみられた。また、「近代企業」を代表する大規模生産設備をもつ大手造船所には、すでに造船部門からの全面撤退——他地域の造船所へ集約——もみられ、需要の変動によって、造船業界自身も整理再編をともないつつ、縮小均衡が進んできた。

わが国造船業の動態は、「大規模経営にともなう有利性」と大規模経営に必要な「経営管理の近代的な科学的方法」の確立という面において、古川浩一の言う「経営学的」考察を体現していた。しかし、そうした大規模経営による大量生産体制を支えていたのは、大手造船所の周辺に集積した造船関連の中小零細工場群であった。そうした中小企業が、古川のいう「経営管理の近代的な科学的方法」を確立させて、自らもまた「大規模経営にともなう有利性」を確保していったわけではない。多くの小規模な下請企業はわが国の造船産業再編のなかで揺れ続け、現在に至っている。

そうした造船業界の再編の渦中にあって、中小企業の経営者にとっての、ダカンのいう「専門的直観」とは、「設備近代化による一層のコストダウン」、「一層の専門化」、「他の関連業界への進出」といった、好況期のあとの反動不況の際のパターン化された対応への固執であったといえよう。

だが、ハイテク化し技術的に成熟化したものの、未だ労働集約的——自動溶接の普及もあるが——である造船業の場合、経営者に必要とされるのはこれまでとは異なる「戦略的直観」ではあるまいか。

それが「脱」造船の代表格扱いされてきた「海から陸へ」という陸上部門への転換であるのか。あるいは、

「超」造船という「海から空あるいは宇宙へ」という、一部の大手企業にみられる宇宙開発などの分野という方向性なのか。果たして中小企業にとってそのような対応は可能であるのか。さらには、造船関連の中小企業にとって、今後の方向性は成長論だけで語られるのかどうか。

わたし自身はこれからの事業の展開方向について素早い転換を図ってきたのは、技術力や資本力で優位に立ってきた大手造船企業や中手造船企業ではなく、むしろ、一部とはいえ中小造船企業や中堅専門企業の方ではなかったのかという印象をもっている。先ほどの戦略的直観論からすれば、経営の意志決定という面で、とりわけ韓国企業などと比較して、日本の大手企業の場合、あまりにも遅いという印象をもつのである。

中小企業と成長論

企業の発展を、経営規模の拡大――従業員数、資本額や資産額、売上額など――に等値させれば、中小企業のあり方をめぐる議論は、結局のところ、企業規模に関わる「途上概念」に収束することになる。つまり、中小企業とは、大企業などの関連会社は別として、独立型の中小企業にとって、自営業程度の規模から創始され、やがて中堅以上の企業規模を目指す途上の企業形態というわけである。

しかしながら、この種の議論はどのような基準――従業員数、売上額、資本金額、資産額など――をもって成長とみなすかによって、企業規模の内実そのものが変わってくる。単に売上額によって、企業の成長度を測るべきなのか。あるいは、従業員数との関係、投下資本額によって測るべきなのか。

だが、多くの場合において、これらの諸基準は重複する。大企業とは、売上額が大きく、そのような売上額を維持するには投下資本額も大きく、必然、従業員数もそれなりの規模をもつ。その意味では、中小企業とは売上額、投下資本額、従業員数のいずれにおいても中小規模ということになる。

しかし、これらの基準はあくまでも量的基準である。たとえば、研究開発型の企業の場合、その事業目的は特許取得やノウハウ提供であり、自らファブレス企業として他企業へ製造委託やライセンス生産を行っていれば、その規模は中小にとどまる。その反面、特許出願に基づく市場シェアは大企業なみであるかもしれない。要するに、中小企業概念は量的概念か質的概念かによって、異なるものになるのである。(*)

＊この種の詳細で厳密な議論についてはつぎの拙著を参照。寺岡寛『アメリカ中小企業論』信山社（一九九〇年）、同『日本の中小企業政策』有斐閣（一九九七年）、同『日本型中小企業—試練と再定義の時代—』信山社（一九九八年）。

産業ごとの「適正規模論」からすれば、小さくても大企業という考え方が存在するし、投下資本に対する利益という効率性からすれば、大きくても中小企業という考え方も存在する。また、企業の継続性という面からすれば、規模に変動はないものの何世代あるいはそれ以上にわたって事業が継承されている企業をどのように評価するかという点も重要なのである。いわゆる「老舗企業論」である。また、地域経済に対する視点では、投下資本額対利益額において決して効率性の高い企業でなくとも、雇用の面において地域社会に大きな貢献を続けている企業も、評価されるべきなのである。企業を評価する場合、企業の量的基準においての成長性に直目するか、あるいは、その質的基準においての安定性——たとえば、オンリーワン企業論など——に注目するか、または、その長期的継続性を注視するかによって、わたしたちの企業観は多様で豊かなものになるはずである。

しかし、企業にとっては、成長は重要な経営概念であり続けている。なぜなら、現状維持というかたちと範囲で語られる「停滞」や、倒産や廃業という結果となる事業縮小の連続形態である「衰退」を経営目標とする企業などはないのであって、企業とはやはりその継続性——going concern——の担い手としてあり方が強く求められて当然なのである。

この場合、問われるのは成長の量的側面とともに、その質的側面である。とりわけ、成熟した産業である造船業においては、質的成長という経営概念が重要な意味をもつようになってきている。それは、前述の古川が提示した、大規模経営の有利性に等値された大量生産による生産性の高さに支えられた成長ではなく、むしろ専門化による付加価値生産性の高い分野への特化による成長でもある。こうした例は、中小・中堅の造船企業の経営のあり方の多様性にも見出すことができる。

大崎上島町で昭和六［一九三一］年に創業された佐々木造船なども、極めて興味ある事例である。同社は広島県の多くの造船所と同様に当初は木造船——木造機帆船の建造と修繕——から創始され、戦後、鋼船へと転換した。昭和六二［一九八七］年には、機関区の自動制御による無人化に日本でもいち早く着手し、造船不況を経験しつつも船台の大型化を進めてきた。従業員数は社外工を含め二〇〇名ほどであるが、ケミカルタンカーはじめ冷却型ガスあるいは圧力型運搬船、石油タンカー、LNG運搬船などに特化して現在に至っている。

また、同社は平成九［一九九七］年に世界初の音声入力式航海支援装置搭載船を建造している。今日、佐々木造船はより高度な設計や建造に意欲的な動きをみせ内航船から外航船の建造へと事業範囲を拡大させ、欧州市場などから直接受注している。

他方、昭和一二［一九三七］年に呉海軍工廠の指定工場として創業し、大型上陸用舟艇などの製造を手掛け、戦後は鋼船改造修理や各種艤装部品を製造することになった神田造船所がある。同社が本格的な新造船に乗り出したのは昭和三〇年代からであった。昭和四〇年代には、同社は他の多くの造船所と同様に、船台の大型化を図っている。その後、昭和五〇年代の深刻な造船不況の下で、「特定不況産業安定臨時措置法」によって船台を縮小させたものの、再び拡張路線をとってきている。従業員数は四〇〇名を超え、専門化ということでは、従来からの各種貨物船に加えてフェリーを得意とするようになってきている。

修繕への特化ということでは、昭和三六［一九六一］年設立の三和ドックがある。同社は、内航船や近航船に特化した修繕専門では三〇〇メートル級の船台を有している。また、アルミ小型船舶の専門造船所としては、瀬戸内海クラフトがある。前身は昭和一九［一九四四］年設立の船舶艤装品企業であるが、昭和四〇年代からアルミ合金製の小型船舶の研究開発をはじめ、新たに昭和六三［一九八八］年に造船所を設立し、リサイクルが可能な高速艇などに特化している。

こうした中小規模の造船所の取り組みには、大手や中手の造船所よりは、経営者の設計技術や建造技術に対する考え方がより直接的に反映されており、その対応の素早さが自らの存立領域を拡大させることにつながることはいうまでもない。こうした中小造船所の果敢な挑戦こそが地域経済の活性化に大きな力となるだけに、地元金融機関や関連機関の積極的な支援と協力がますます重要となっているのである。

第五章　地域産業からの視点

地域産業の原風景

地域産業のほとんどはその立地周辺のみならず、広域化した市場圏全体の需要変動に大きな影響を受けてきた。造船所が集中立地してきた瀬戸内地域、広島県などもまたその例外ではない。すでにふれたように、造船業は船腹需要の拡大によって生産能力を拡大したものの、その後、海運需要の変動に翻弄され、建造設備と従業者の増減を繰り返しながら現在に至っている。しかしながら、長期的にみれば、かつての欧州諸国の造船業と同様に日本の造船業もまた縮小均衡を辿ってきた。問題の中核は、造船業における縮小均衡が他分野における拡大均衡によって補われない場合、それは地域の雇用などへ深刻な影響を及ぼす点にある。とりわけ、広範囲のすそ野産業をもつ造船業の場合はそうである。

戦後大きな発展を遂げてきたわが国造船業の転換点は昭和五〇年代であり、当時、造船設備の大幅な削減が行われ、脱造船業が盛んに唱えられた。こうした脱造船は、その後のいわゆる造船不況の時期にも繰り返し説かれてきたことであり、そのこと自体が大手造船所を除き、造船業から他の事業分野への転換が必ずしも容易でなかったことを強く示唆している。昭和五三〔一九七八〕年の造船審議会の答申、および、その五年後に同審議会が政府に提出した「特定船舶製造安定事業協会法」に関わる給付金関連の文書にも、船腹需給ギャップが容易に解消されないうえに、韓国等の追い上げがわが国造船業に大きな影響を与えることが明記されている。さらに、海運造船合理化審議会は昭和六一〔一九八六〕年に、「今後の造船業の経営安定化及び活性化の方策について」の答申書を発表している。

同『答申書』はわが国造船業が過剰設備に苦しむ現状を取り上げ、そのために過当競争が生じ、船価下落が続き、それが造船経営を一層苦しめていると述べた上で、さらなる過剰設備の削減、事業転換、技術開発などの促進を訴えている。技術開発については「高付加価値船、次世代船舶等の製品技術及び生産技術の高度化、海洋開発等に関する研究開発等を積極的に推進していく必要がある。また、これらと併せて研究開発体制の整備をさらに進めていく必要がある」と指摘した。

さらに、翌年に、同審議会は造船企業同士の合併、系列化、業務提携による設備削減を強く示唆する答申書を発表している。その後の実際の動きをあらためて振り返ると、わが国造船業は答申書の線に沿ったかたちで再編整理を行ってきた。だが、より重要なのはそうした縮小再編によって、他の産業分野などへの転換が円滑に行われたかどうかである。

そのような転換は、わが国では「構造転換」という政策用語で語られてきた。造船業だけではなく、繊維や雑貨など同様の産地型産業についても「構造不況」という政策用語ともに、「構造転換」が強く促されてきた。そして、政府はそうした現状と評価をめぐってさまざまな報告書を発表してきた。たとえば、総務庁行政監察局『中小企業対策に関する行政監察結果報告書』は平成三[一九九一]年の時点で、(*)つぎのようなきわめて厳しい評価を下している。

「近年、中小企業を取り巻く環境は、円高の定着等による輸出の減少、製品輸入の増大や企業活動のグローバル化、消費者ニーズの多様化・高度化、技術革新・情報化の進展及びこれらに伴う国内産業構造の変化等により極めて厳しいものとなっており、中小企業においては、事業転換・多角化、新分野の開拓、新製品・新技術の開発等その構造転換が求められている。

国及び地方公共団体は、こうした環境変化に対応した構造転換等を円滑に推進するため、特定中小企業者事業転換措置法、異分野中小企業者の知識の融合による新分野の開拓の促進に関する臨時措置法等に基づき各種助成等の措置を講じてきているが、必ずしも所期の効果を挙げていない。」

＊調査時点は平成二[一九九〇]年七〜九月であり、対象地域は北海道、東北、関東、中部、近畿、中国・四国、九州の七地域であった。

では、事業転換・多角化、新分野の開拓、新製品・新技術の開発等の構造転換が求められるなかにあって、「必ずしも所期の効果を挙げていない」とは、何が問題視されたのか。結論を先取りすれば、企業などから提示された事業転換計画の承認基準が問題であったのである。

すなわち、事業転換とは当該事業の「三分の一以上の廃止・縮小」であったが、経営者にとってそうしたドラスチックな縮小措置は現実にはきわめて困難であり、リスクが高いやり方であると判断して、実際には制度そのものを利用しなかったことに問題の核心があった。

また、一度指定された業種について、実際には構造転換が進まなくても指定取消しなどの措置がとられていないことも問題であった。これは二〜三年のうちに転換に成功した顕著な事例がみられなかったことの傍証でもあった。

行政監察局は「改善すべき点」として、三分の一以上の変更が要求される事業転換が実際に困難であれば、それに応じた制度改革とともに指定業種見直しも図られるべきであることを指摘した。だが、実際のところ、課題は単に制度上だけの問題ではなかった。

わが国造船業が、国際競争力の低下、市場での需給ギャップの存在による過剰設備という要因から構造転換を迫られていることは、業界関係者のだれもが認識していたことは間違いない。そして、造船企業が目指した方向には繰り返しになるが二つあった。一つめは造船業における一層の「専門化」——高度化と言い換えてもよい——、二つめは「脱造船業化」であった——造船技術・設備の他分野への応用と言い換えてもよい——。

一つめの方向についていえば、吸収合併や業務提携による過剰設備の廃棄と新鋭で効率性の高い設備の導入による国際競争力の強化、他方において一般貨物船ではなく特殊船の開発による高付加価値生産への移行が目指されていた。こうした事業転換計画は、人員削減効果によって短期的に成果を生みやすいものの、所期の目的を達成することはできなかった。このことは、いかにわが国の造船能力が大きかったかを強く示している。また、二つめの脱造船についてみても、市場開拓という課題もあり数年間の間に受注先を転換させることは必ずしも容易ではなかった。

もっとも、その後の造船業の進展をみると、造船の需給均衡は世界の船腹市場の増減に応じて変動しており、そうした変動に応じて短期間のうちに建造能力を調整することはやはり困難であったことがわかる。

行政監理局の前掲『報告書』から具体的事例を取り上げておこう。たとえば、K県――実際の県名が示されていない――では五二企業の事業転換計画案のうち、一九社が承認され、事業転換融資を受けた。だが、実際にはこのうち九企業が担保力不足という理由によって事業転換計画通りの融資――満額――を受けてはいない。減額されたうちの二社の概要は具体的にはつぎのようになっている。

(一)船用機械船体部品製造修理業(昭和六二[一九八七]年三月承認)――転換計画は産業機械製造業へ九〇%転換。担保不足により予定の三〇〇〇万円に対してわずか二〇〇〇万円の融資承認にとどまった。

(二)船舶製造修理業(昭和六四[一九八九]年一月承認)――転換計画は特需自動車組立修理業へ九〇%転換。収益は期待できず、予定の五〇〇〇万円に対して三〇〇〇万円の融資承認にとどまった。

他県での事業転換計画案も紹介しておくと、P県についてはつぎのような事例が紹介されている。

(一)造船下請業(平成二[一九九〇]年承認、月は不詳)――転換計画は駐輪装置製造。融資承認額は二七〇〇万円。

(二)船用機関製造業(同右)――転換計画はリゾートホテル。融資承認額は四億五〇〇〇万円。

問題は、このような事業転換が実行可能であったのかどうかである。たとえば、政府主導の事業転換政策の対象となった企業が立地した地域は、「特定地域中小企業対策」の対象となった地域と重複しており、造船業でいえば岡山県玉野市や広島県呉市などが指定されていた。これら造船業の比重がきわめて高い地域において、はたして他産業への転換が短期間に可能であったのかどうか。また、同『報告書』も指摘しているように、当時そうした地域全体の雇用情勢は極めて悪く、消費も大きく落ち込んでおり、物品販売業やサービス業への転換は必ずしも容易ではなかった。ましてや積極的な技術開発への取り組みによる事業転換などは、中長期的かつ継続的に取り組むべき経営課題であり、個別企業のみならず、その立地する地域の産業全体のあり方そのものに大きく依存していた。それゆえ、その後、イノベーション政策やクラスター政策のかたちの事業転換が重要視されることになる。

そうしたなかで地域産業の「原風景」があらためて問われてきたのではあるまいか。原風景といったのは、従来の産地、すなわち、同一業種の企業が一定地域内に集中立地することで形成された地域のことである。もちろん、当初からそうした企業群が存在していたわけではなく、最初は少数の企業が立地し、あるいは創業し、その後、同一企業や関連企業を吸引して、外部経済効果をもち、さらに企業を引き付けて、産地が形成されたのである。

事業転換とは、かつてその地域に存在したこのような相乗効果の原風景が、同様なかたちで系統発生的に繰り返されることである。そして、重要なのは、新たな産業への転換を促すに足る強力かつ潜在的な初期条件が存在しているかどうかなのである。これにはいくつかの要因がある。一つめは「技術」の蓄積、二つめは「流通チャンネル」の存在、三つめは「事業家（アントレプレヌール）」の存在である。

実際の産業集積の過程においては、これらの要因が有機的に重なってきた。技術ということでは、きわめて属人的な技能とその伝承があり、そうした職人、技能者や技術者の量的かつ質的な蓄積が必要である。また、流通チャンネルとは、さまざまな市場への近接性であり、交通などのインフラ整備とともに、強力な販売力をもつ流通業者の存在が不可欠である。そして、事業家についてみれば、先の二つの要因を積極果敢に統合し、事業化をすすめる上で必要なリスクなどを自ら進んで享受しようという社会層——投資家も含めて——の量的かつ質的な地域的蓄積が重要である。

これらの要因が相まって成功が目に見えるかたちであらわれたとき、他の事業者たちがそれを模倣し、他企業からの参入等も起こり、関連事業が拡大していくのである。問題は最初に誰がリスクを冒し、そうしたイノベーションに取り組むのかである。担い手は何も当該地域内の人材や企業である必要もないし、また、新規創業でなく、既存企業の多角化、関連会社や子会社を設立しての参入でもよい。ただし、他地域からの参入の場合、地域に引き寄せる要因が他者に対して明示的かつ具体的でなければならない。

こうした地域経済政策の要諦の一端は、イノベーションにともなうリスクの社会的軽減システムが、その地域に内蔵されているかどうかである。研究開発などに伴って高まることが予想されるリスクをうまく軽減することが地域内で可能なのかどうか。また、商品化に必要な資金や時間を地域内で節約できるのかどうか。市場開拓などにおいて有効なネットワーク形成が地域内において低コストで可能であるかどうか。こうした諸点がきわめて重要なのである。

具体的には、最初の点は、開発における研究水準の高い大学——大学院——や研究機関——公的あるいは民間——などが立地し、そのスピルオーバー効果が立地企業にも利用可能であるのかどうか。二つめの点は、試作品などに必要な関連加工や部品を提供するさまざまな企業への接近が容易であるかどうか。最後の点は、新規企業や中小企業の場合には決定的に重要なのだが、新たに開発された製品などを市場に供給しうるマーケティングに強い人材の存在やそのような企業が立地しているのかどうかである。

こうした諸要因の結合は、今日、「(産業)クラスター論」としてとらえられ、その育成をどのように政策的に進めるかが論じられるようになってきた。つぎにクラスターについて取り上げておこう。

クラスター論再考

クラスター論を取り上げる前に、既存産業から新産業への転換事例を一つ紹介しておこう。フィンランドの北西部に位置するヴァーサ地域である。(*) ヴァーサ市は人口約六万人――フィンランドの総人口は約五三〇万人――、スウェーデンに隣接したスウェーデン文化の影響が残る地域、人口構成はスウェーデン語系が全体の二五%となっている。ヴァーサ市の産業的立地特性は、造船とタールの交易で栄えたことに関連する。

＊ヴァーサ市――フィンランドは一九一七年のロシア革命後の混乱の中で独立を目指した。新しく成立したソビエト連邦政府はフィンランド独立を認めたが、両国の政治的対立からフィンランドは内戦状態となる。フィンランド議会は内戦の混乱を避けるために、首都をヘルシンキから一時、ヴァーサに移した。ヴァーサの南部にあるタンペレでは、フィンランド人同士の激しい戦闘が行われたものの、マンネルハイム将軍（一八六七～一九五一、のちに大統領）が旧都ヘルシンキを制圧し、内戦は終わった。首都は半年間ほどでヘルシンキに戻された。

かつてのヴァーサ地域は一七世紀に形成され始めたものの、一九世紀半ばの大火災で旧市街のほとんどが焼失し、現在の中心部は新市街である。

ヴァーサ市の中心産業の内実は変容したものの、いまもかつてのヴァーサ産業を象徴した工場群の建物は残り、ヴァーサ大学などが校舎――工学部など――として利用している。元々の中心産業は、紡績業や食品業などであったが、その後、タンペレ市などと同様に繊維産業は衰退し、産業転換を強く迫られていくことになる。

繊維産業から機械を中心とした産業への移行は、一八三四年創業の船舶用ディーゼルエンジンなどを生産するヴァルティラ社のヴァーサ市への工場立地を契機として進んでいく。ヴァルティラ社は当初からディーゼルエンジンを生産していたわけではなく、フィンランドの他の成長企業と同様に、森林の国フィンランドに相応しい製材工場から始まった。そうして始まった小さな製材工場が製材機械の修理から鋳物、冶金、さらには金属加工の工場へと転換し、倒産の危機なども乗り越え関連企業を吸収合併し、船舶用ディーゼルエンジンなどの製造を手掛ける世界的企業へと成長していくことになる。

ヴァルティラ社は、ヴァーサの地元企業を一九三六年に買収したことをきっかけに、その後、ヴァーサ工場を漸次拡張していくことになる。本社はフィンランドの首都ヘルシンキ市にあるが、ヴァーサ市内のヴァーサ大学近くとヴァーサ空港に隣接する工業団地に事業所をもっており、ヴァーサ市とその周辺には同社と下請・外注関係をもつ中小企業も多い。

フィンランドの造船業の場合、造船所が立地してきたヘルシンキ市やトゥルク市についてみれば、一般に北欧諸国が得意とする砕氷船などの特殊船、クルーザーやレジャーボートなどを除いてかつての活気は見られない。ヴァルティラ社も船舶用ディーゼルエンジンだけに特化できるわけもなく、その存立分野をディーゼル発電機などにも移行させてきた。それゆえ、ヴァーサ市は、フィンランドではタンペレ市と並ぶ工業都市であり続けている。

化石燃料を効率的なディーゼル発動機によって、電力というエネルギーに変換する技術をもつヴァルティラ社と協力関係をもつ企業としては、電力・電気機器の世界的企業であるスイスのＡＢＢ社――電力機器とオートメーション機器――がヴァーサ市に工場と研究開発関連事業部をもっている。むろん、同社と下請・外注関係にある中小企業も多い。

また、これらヴァーサ工業の中核を構成する二社から技術者などがスピンオフした、エネルギー関連のベンチャー企業が二社の周辺地区に立地している。たとえば、ヴァーサ・エンジニアリング（ヴァオ）社もそのような企業の一つである。同社は発電機、配電機器の設計・製造を行っている。

風力タービン発電機分野の、メルヴェント社もそうしたスピンオフ企業であり、フィンランド国内だけではなく、英国、隣国のノルウェー、スウェーデンで市場開拓を積極的に行っている。ABB社からのスピンオフ企業では、交流電源機器で急成長を遂げてきたヴァーコン社がある。ABB社のすぐ近くに本社と工場を構えている。

このような研究開発系のエネルギー関連企業が、市内、とりわけヴァーサ空港隣の約一〇〇ヘクタールのサイエンスパークに立地し、あるいは他地域からの再立地を促してきたことで、ヴァーサ市はエネルギー・クラスター都市構想を強く打ち出してきている。ディーゼル発電機器、通常の発電設備、風力発電機器、エネルギー節約技術などエネルギーに関わる技術開発から製造までのさまざまな企業が集中立地することで、エネルギーにかかわる企業のさらなる集積が意図されてきた。

こうしてみると、産業構造転換を進める上で重要であるのは、関連企業が集積することで形成されたクラスターである。こうしたクラスターが、それまでの関連企業の立地――産地――と大きく異なるのは、単なる製造機能をもっているだけではなく、頭脳機能、すなわち、研究開発機能をもつ企業あるいはその事業所が立地していることである。

そのような企業の立地によって、あらたな技術開発系企業が地域内外の企業からスピンオフするポテンシャルを高めていることになる、とわたしは考えている。こうした頭脳機能をもつ工業団地は、サイエンスパーク型クラスターの特徴である。この点で、日本の従来型の産地は致命的に弱い。

研究開発機能では、ヴァーサ市内にはヴァーサ大学があり、同大学にはエネルギー研究に特化したエネルギー研究所がある。また、エネルギー研究とそれを事業化する企業等の立地促進を促す産学官連携の実質的推進母体として市内と周辺にはサイエンスパークがあり、そうした組織にもエネルギー関連の技術者やさまざまな経験をもつビジネスマンたちがいる。

こうしてみると、広島県など瀬戸内地域の造船産地が真の意味でクラスター化するには、いくつかの条件が達成されなければならない。この点についてはすこし後で取り上げるとして、ここで英語としてのクラスターの定義にふれておく。クラスターは、一般に「ブドウ」の「房」あるいは家畜の「群れ」を意味する。ただし、異なる分野でも使われてきた。たとえば、天文学では星団を意味し、統計学でのクラスターは母集団のうちの一つの群を意味する。音声学のクラスターは二つ以上の子音の連続音である。また、わたしのかつて専攻した化学では、クラスターは原子や分子が共有結合やイオン結合などで結びついた集合体を意味する。こうした意味合いをもつ「クラスター」を経済・産業用語に引き寄せて理解すると、他の分野と同じような意味があることに気づく。

つまり、クラスターとはある一つの事象を対外的――外在的――に象徴する共通の内在要素あるいは内在要因の集合体である。経済学などで展開されてきた産業「クラスター」論に共通する定義は、特定産業分野において、関連企業――生産、流通、サービスなど――だけではなく、大学などを含む関連組織が一定地域に集中的に立地し、そうした地域集積がその産業分野において一定の国際競争力を保持しているような状態である。

先に化学での共有結合についてふれたが、化学におけるクラスター概念は経済概念である産業クラスターの内部構造を解明するうえでもきわめて有効であると、わたしは考えてきた。一般に、化学でクラスターを形成させる「共有結合」とは二つの原子が互いに電子を一対として「共有」することで結びついている結合のかたちである。ただし、共有される電子が複数である場合は、二重結合や三重結合と呼ばれる。他方、イオン結合は、原子のイオンに「陽」と「陰」があることで互いに静電引力で結びあうかたちである。そして、この二つの結合形態はしばしば重なる。

要するに、産業クラスターも産業集積も、化学物質も、共通の核となる何かがなければ、そうした結合自体がそもそも生じない。先述のヴァーサ市のエネルギー・クラスターは、エネルギーという共有分野で結合しやすい個別企業や研究機関などが集積しているがゆえに、あらたなエネルギー産業を支える研究開発を促し、エネルギーを生産し、その関連サービスを提供する個別企業がブドウ（＝エネルギー技術）の「房」のようになっているものなのである。

さて、ここらあたりで、広島県など瀬戸内地域の造船産地が果たして産業クラスター化するだけのポテンシャルをもっているのかという点に戻っておく必要がある。このことを強く意識して、技術、資本――リスク資本と人的資本――、情報の点をつぎのように整理・確認しておく。

（一）技術――造船にはあらゆる機械、部品が使われる。たとえば、素材では鉄鋼、伸銅品、アルミ、電線、木材、塗料、ロープなど。船用機関ではタービン、ボイラー、ディーゼル。機関附属品では推進機、逆転減速装置、燃料油・潤滑用ポンプ、ろ過機など。補機では空気圧縮機、送風機、ポンプ、油洗浄機、鉄交換機、造水装置、油水分離器、過給機、発電機。艤装品では甲板機械、冷凍・冷蔵機、航海機器、無線機、錨、係留金物、弁、救命・消火装置、電気機器、信号機器、冷暖房設備など。この意味では、造船には陸上部門のあらゆる技術が、海洋という環境を意識して応用されてきた。必然、その技術は海洋という厳しい環境と安全に配慮された水準をもつ。溶接などにおいては自動化が進むが、すべて自動化できるわけではなく、高度な加工ができる技能水準の確保も重要である。

(二)資本――物的資本としてクレーンやドックなど造船設備を必要とすると同時に、人的資本として設計、研究開発や製造に関わる技術者や技能者を必要とし、その確保と養成が必要である。

(三)情報――世界の船舶需要など市場に関する情報だけではなく、技術開発上の情報の入手もまた重要性をもっている。

こうしてみると、造船技術は陸上部門と密接に関連している。事実、大手造船所はいずれも両部門をもち、造船不況の時期に陸上部門を強化することで船舶需要の変動に対応してきた。反面、造船下請あるいは小型造船を手掛けてきた中小造船所の場合、陸上など他分野への転換は、資本、情報のみならず、市場開拓などでも大きな後れをとってきた。

たとえば、日本の造船業の中心を占めてきた尾道地区の造船関係者は、造船業が集積する瀬戸内地域を中心とする「国際的な拠点性を持つ造船産業クラスター」構想をすでに打ち出している。たしかに、尾道市の造船業従事者数は全国でもトップである。また、尾道市、福山市や呉市を含む広島県、玉野市など岡山県南部、今治市など愛媛県、坂出市など香川県、下関市など山口県南部を中心とする瀬戸内地域の地位は現在も高い。

そして、この造船専業クラスターを形成する担い手としては、艦船、VLCC(Very Large Crude Oil Carrier)――大型タンカー、大型コンテナ船――などを得意とする大手造船所、中型バルカー、プロダクトタンカーに特化した中手造船所、アルミニウム製旅客船や監視船などの中小造船所、修繕を得意とする大手・中手造船所、さらにはエンジン、プロペラ、ポンプなど艤装関連部品企業、因島鉄鋼業団地に集積する船体ブロック加工業者、技術者や技能者の集積、船舶工学研究者をもつ広島大学、造船技能を養成する因島技術センター(*)などが挙げられる。

＊因島技術センターの場合、研修期間は新人研修プログラムで約三ヵ月間、短期間の専門技能研修プログラムとして五日間と一〇日間のコースが設けられている。同センターは、地元の造船企業三〇社が尾道市や尾道商工会議所との協力の下に、当初は日立造船の退職者一五名を講師として日立造船因島工場内でスタートした。因島技術センターが設立されたことがきっかけとなり、翌年からそのほかの造船地域でも同様のセンターの開設が相次いだ。平成一七［二〇〇五］年の今治地域造船センター（新来島ドック、今治造船内）、平成一八［二〇〇六］年の大分地域造船技術センター（三浦造船所野岡工場内）、東日本造船技能研修センター（横浜市のＩＨＩマリンユナイテッド構内）、平成一九［二〇〇七］年の長崎地域造船造機技術研修センター（三菱重工業長崎造船所内）、平成二〇［二〇〇八］年の相生技能研修センター（ＩＨＩアムテック内、短期間の専門技術研修のみ）など。

また、内航海運会社については、たとえば、尾道では総トン数が数百トン以上、長さ三〇メートル以上の船舶による輸送業者（＝登録事業者）は一九社、それ以外の届出事業者も二三社ある。一〇〇トン以上の海運業者ということでは、五〇〇トンまでの海運業者が最も多くなっているが、三〇〇〇トンを超える海運業もいる。こうした業者は重油、ガソリン、ナフサ、化学製品、鉄鋼製品やさまざまな資材を運搬している。

他方、外航海運業者については、尾道には数万トンクラスの船舶を有する海運業者が七社もある。こうした業者は課税の有利性からいずれも外国船籍となっている。なかには明治初期創業の老舗海運業もある。外航海運業者は原油タンカー、液化天然ガス船、コンテナ船、鉱石船用船、木材運搬船などを有しており、船舶のユーザーとして造船所に対するニーズやシーズの情報提供において大きな役割を果たしている。

尾道地区の造船関連企業にも関係する『瀬戸内海地域における造船・船用工業の持続的発展のための方策調査報告書』（平成二一［二〇〇九］年、（財）ちゅうごく産業創造センター編）(*)は、造船産業クラスターの持続的な国際競争力強化についてつぎのように指摘している。

「今後は、日韓中の造船業の国際競争の激化が予想される中で、瀬戸内海の造船産業群が勝ち残っていくためには、造船クラスターの強化を目指し、持続的な国際競争力強化を図る必要がある。我が国造船業の強みは、製品の信頼性・ブランド力であることから、それを支える生産技術力、設計力・研究開発力、情報収集力、関連業界との連携力を高めることが、造船業クラスターの持続的な国際協力を高めることにつながる。」

＊「瀬戸内海地域における造船・船用工業の持続的発展のための方策調査」委員会のメンバーは、広島大学、尾道大学の学識経験者、因島商工会議所、因島鉄鋼業団地協同組合、尾道市役所、尾道造船株式会社、内海造船株式会社、尾道商工会議所、中国運輸局、中国経済連合会、中国電力、もみじ銀行、山口経済研究所、広島県の関係者であった。

こうした造船産業クラスターの今後の具体的な方向性について、同報告書は、まずは持続的にその国際競争力を維持することが必要であると指摘して、①研究開発力の強化、②生産物流環境の高度化、③人材力の強化、④経営戦略の強化を挙げている。

このうち①については、耐食性・強度・溶接性の高い厚板等の新素材への対応、スーパーエコシップや天然ガスハイドレード運搬船等の新船種の開発、船首形状や船尾省エネ付加物等の船型改良開発、省エネ型エンジン等の船用機器の高機能化、溶接技術の高度化などが挙げられている。②については、本四架橋の料金改定など流通運搬コストの低減、③については造船次世代を担う人材の教育、④については、国際水平分業への対応と事業統合・提携――アライアンス――の強化を挙げている。最後の事業統合などについては、同報告書はつぎのように指摘する。

「我が国の造船業の規模は、韓国・中国と比べると小規模である。造船業界への需要が供給量を上回っている環境では、事業規模が小さくても各社が技術力を結集して船種を絞り込み、現場の技術力を生かして製品をブランド化することで、海外の大手造船所と棲み分けが可能である。しかしながら、供給力が需要を上回る段階においては、船価が低下し、造船所の体力勝負になる可能性があり、その場合、小規模な造船所は不利となることから、二〇一〇年以降の国際的な生き残り競争を想定すると、事業統合やアライアンスの強化をしていくことが求められる。また、鉄鋼メーカーとの価格交渉などにおいても、交渉力を高めていくうえでも、業界の体質強化が求められている。」

これらの指摘はいずれもハード面の強化に関することであるが、造船文化を支える地域づくりなど――進水式の公開、石積みドックなど産業資源の保全と景観形成による観光促進、造船をテーマとする演劇活動、造船フェスティバル――ソフト面の充実も同時に強調されている。同報告書は造船文化の地域づくりについてつぎのように説く。

「造船業を持続的に発展させていく上では、人材の確保が重要であり、とりわけ若年層の確保が求められているが、そのために造船業の素晴らしさを地域の人に理解してもらうことが必要である。造船業はその業態において、必ずしも地域に開けているとは言い難い面がある。このため、造船業が情報発信をしたり、地域に開かれているイベントをすることなどの意識的な取り組みが求められている。造船業が地域の企業と共同して取り組むこととして、学校教育での造船業の取り組みを筆頭として、進水式の見学、工場見学、造船技術のPR、造船文化の掘り下げ等があげられる。

造船業を地域に開かれたものにするとともに、産業遺産や景観なども含めた造船文化を磨き上げていくこと、また造船の技術の素晴らしさを文化として表現することで地域の人に対する理解を広げていくことが、ひいては人材の確保にもつながると考えられる。このような『造船文化の地域づくり』を進めていく必要がある。」

だが、多くの造船所はこれまでも小中学校の社会科見学の一環として、進水式への生徒の招待なども熱心に行ってきており、その上、さらにイベントなどを企画することが造船需要の喚起にどれほど直結するのか疑問視する人たちも多い。

実際、広島県などにおいて大手造船企業は造船部門から撤退し、また他工場への集約によって下請企業は大きな影響を受けている。造船から他産業への転換の必要性は従来から指摘され、志向されてきたが、成功してきたとは言い難い。

先に紹介したフィンランドのヴァーサ地域の例からすれば、産業クラスターとはあくまでも既存産業の拡張概念であって、それを支える関連産業からの新規参入、あるいは同一産業での（海外諸国を含む）他地域からの新規立地や再立地によって、その活性化が維持される必要がある。この点からみて、瀬戸内地域の造船クラスターはどうであろうか。

この一つの試みとして着目しておいてよいのは、愛媛県での取り組みである。愛媛県には明治創業で世界有数の建造量を誇る今治造船がある。同社は、非上場でいまでもファミリービジネス――同族事業――の色彩を色濃く残し、超大型船を得意とし積極的な設備投資を継続してきた。昭和三〇年代初頭に鋼船建造に本格的に乗り出した同社は、高度成長期には今治のみならず、香川県丸亀市に大型船建造が可能なドックを新設し、大型タンカーや自動車運搬船、ケミカルタンカー、大型コンテナ船、大型バラ積み船、大型チップ運搬船、LNG運搬船、カーフェリー船などで実績をもち、翼下に広島県のコンテナ船やLNG船と得意とする幸陽船渠、山口県の新笠戸ドック、愛媛県の特殊船の岩城造船、中型船に強いあいえす造船としまなみ造船をもつ。同社もまた進水式や国内造船・船用機器・海運関係企業が自社製品やサービスなどを展示・披露する海事展の開催に力を注ぎ、地元だけではなく国内外に対して、造船産地としての今治の認知度の向上に取り組んできている。造船技能を養成する技術センターも、今治市には設けられている。

ところで、すでにふれたように、従来の工業団地型の産業集積――正確には同一産業あるいはその関連産業での企業集積――とクラスターの違いは、そこに研究開発競争力を大きく規定する頭脳機能があり、産業全体のイノベーションを促進し、さらに新規企業の立地を吸引する力があるかどうかの点である。すでに紹介したフィンランドのヴァーサ地域でのエネルギー・クラスターはこの点の重要性を強く示唆しているが、愛媛県の場合、この点にも取り組んでいる。

前述の愛媛県の今治造船――県下では西条市にも造船所を保有――は、愛媛大学に造船工学の寄付講座を平成二一［二〇〇九］年度から開設している。その目的には「学部卒業生および造船関連企業の技術者を対象に、これらの企業において中心的な役割を担い、将来の技術革新にも対応できる高度技術者を育成することを目指し……」とある。修士論文については「従来の学術的な内容に加えて、技術開発等の実質的な内容」を考慮するとされている。工学系の研究科であれば、全く実利から遊離した分野での学術論文は理学系研究科と比べて少ないことは言うまでもないが、あえてこのようなことをコース入学者につよく期待しているのは、造船企業の意図を強く反映させたものといえよう。

また、「船舶工学を教育する大学院のコース（定員数五名）」と規定された愛媛大学大学院船舶工学特別コースへの進学者には、大学学部や高等専門学校からの直接進学者のみならず、造船企業勤務の技術者、あるいは船舶工学以外の学卒者なども含んでいる。研究よりは教育面を強調し、同大学の理工学科教員だけではなく地元造船企業の技術者との産学連携教育、船舶工学知識のリカレント教育、三ヵ月程度のインターンシップを通じての実学経験も行うなど、従来型の研究者養成大学院コースとは明らかに異なっている。

このコースの特徴は、学部からの造船工学コースを有する大学と比較して、さまざまな工学を専攻する多種多様な人材を引き付け、短期間に造船工学の基礎を教え込み、従来の造船工学に新しい考え方が持ち込まれることにある。そのためには、造船工学とその他の工学領域が交流できるような教育工学的な考え方が開発される必要があろう。

産学連携から造船業におけるイノベーションへ、こうした取り組みがどのような影響をもたらすのか。ヴァーサ市のエネルギー・クラスター構想のような新産業への広がりをどの程度もたらしていくのか。いずれにせよ、そのためには教育を受けた人たちのキャリアパスの今後のあり方が大いに関係する。

ところで、従来の伝統型産業集積である造船業を産業クラスター化させるために必要な要素のうち、日本にとってもっとも重要であるのは人的資本である。新しい考え方をもつ人材を造船業界に引きつけることが重要である。そのためには既存企業からのスピンオフ人材が大きな鍵を握っている。そうしたスピンオフのポテンシャルをどのように具体的に高めることができるのか。つぎにこのもっとも重要な活性化要因をとりあげなければならない。

スピンオフの風景

「スピンオフ」とは、一般に親会社による企業分割、あるいは新会社設立を意味するだけでなく、技術開発上の副産物や波及効果をも意味する。他方、「スピンアウト」ということばもある。こちらのほうは自動車などが勢い余って道路から外にはみ出すことをいう。米語ではスピンオフと同義である。こうしたことから転じて、「スピンアウト」や「スピンオフ」は会社を飛び出し独立することを意味するようになった。本書では「スピンアウト」と「スピンオフ」を同義で使っている。

企業の設立を考えると、学校を卒業してすぐに起業する人たちもいるが、既存企業である程度の経験を積んだ後に独立するのが通常である。この意味では、そうした既存企業での就業期間は独立までの有給制インターンシップといえなくもない。造船業においても、既存の造船所で作業工として一定期間働いた後にみずから造船所を開いた人たちもいるし、造船業界以外から参入してきた人たちもいる。建造需要の拡大が著しかった高度成長期にはそうしたスピンオフが顕著であった。

多くの産業では、スピンオフ人材によって次々と新しい企業が生み出され、新しい企業と既存企業との競争を通じて、イノベーションが起こってきた側面をみることができる。製品にもプロダクトサイクルがあるように、産業にも産業サイクルがあるのである。これには三つの側面がある。

(一)文字通りのプロダクトサイクルであり、新しい技術や市場の登場によってそれまでの製品が急速に陳腐化し、新しい技術体系など――馬車から鉄道や自動車へというように――によって産業そのものの転換が迫られているという共通認識が、その地域において広範に強く共有されること。たとえば、馬車製造から鉄道車輛や自動車生産へと既存産地の企業群が転換できるかどうかなどの認識があること。
(二)産業の国際競争力の低下によって、それまでの産地が成長期を過ぎ、停滞から衰退へと向かっていることの共通認識と危機意識が、その地域において強くかつ広範に存在していること。
(三)個別企業が倒産や廃業を迫られるケースが増え、新たな対応を迫られているという危機意識が高まっていること。

こうした状況で、実際にスピンオフが行われ、新たな企業を生み出すポテンシャルが高まっているかどうかは、前節でもふれたように、産地が一定程度クラスター化しているかどうかに関係する。問うべきは、地域内外から起業家を引き寄せ、あるいは既存企業の再立地を促すに足るだけのクラスターとしてのポテンシャルが高まってきているかどうかなのである。

たとえば、一時期、財閥系商社を抜き去るほどの大きな事業展開を行ったものの行き詰まった鈴木商店の場合、倒産したとはいえ、その後、同社の人材が日本を代表するような個別分野でさまざまなユニークな企業を生み出していった。このようなスピンオフと同じような効果を、造船産地でも期待できるかどうか。作家玉岡かおるは、鈴木商店とその「お家さん」であった鈴木よねを描いた『お家さん』で、台湾銀行からの追加融資——当時の日本の国家予算が一五億円のときに、借金総額五億円といわれた——を受けることができず行き詰まりつつあった鈴木商店の「店員」たちの行く末について、鈴木よねにつぎのように語らせている。

「店員連中はうなだれ、すすり泣く者もありました。私は店員のこれからのことは心配しておりませんでした。今日まで真面目に鈴木で働いとったんなら、すでにその身には、会社なんぞがのうなっても自力で道を開いてゆけるだけの力をもろたはず。沈みゆく船になんぞすがらんと、小そうても新しい船で、それぞれの航路を開いていきなはれ。」

鈴木商店がその関連子会社として手掛けた企業は、繊維、食品、鉄鋼、造船など広範な事業分野にわたり、戦後の日本経済の復興と発展に大きく寄与することになる。そうした事業の経営者たちは、鈴木商店の消滅によって図らずもスピンオフを迫られたが、年功序列体系が主であった財閥系企業とは異なり、若いころに実力本位で存分に活躍の場が与えられ、企業家精神を培っていた。

現在、日本は、他の諸国と比べて大企業や中堅企業からのスピンオフによる新事業展開がきわめて低い。鈴木商店のようなケースは例外的である。スピンオフが困難な理由については、人間の経済行動——ホモエコノミカス——への社会的価値観の反映を重要視する経済社会学が取り組む大きな研究テーマである。たとえば、石川島播磨工業（ＩＨＩ）からのスピンオフの実例を取り扱った実名小説に『スピンアウト・大脱走』がある。作家高杉良のこの作品は、日本社会でのスピンオフ、とりわけ、大企業からのスピンオフのむずかしさを描いて余すところがない。

ＩＨＩは、造船業界でもきわめて早い段階で経理などだけでなく、船舶設計、資材調達、工程管理などのコンピュータ化に熱心に取り組んできた先進的企業であった。こうした内部蓄積を利用して、コンピュータソフトウェア開発などを積極的に手掛けていた社内チームは、当時のトップからソフトウェアの外販子会社を設立する内諾を得ていた。

だが、トップ人事の交代もあり、この外販子会社設立をめぐって社内対立が起こった。その結果、情報システム室などのシステムエンジニア七九人がスピンオフして独立企業を設立することになるのである。昭和五六［一九八一］年のことであった。

作品では、関係者への取材成果を十分に取り込み、ＩＨＩの主要事業所であった呉市や相生市という地縁血縁的な人材供給社会におけるスピンオフ——スピンアウト——の難しさが登場人物たちによって率直に語られている。社員たちは、社宅や寮という会社生活の延長のような雰囲気のムラ社会に住む。たとえ自分が購入したマンションであっても、そこの住人のほとんどが同じ会社に勤めるような空間にいるのである。

さらに、自分の父親も親戚たちも同じ会社で働き、妻とは社内結婚で、その父親——義父——も同じ会社や関連下請企業で働いている。こうした狭い企業社会のなかで、がんじがらめになっている社員たちが退職し、新たに自分たちで会社を起こすという情報が外部にすこしでも漏れた途端、周囲から反対が巻き起こったのである。

その反対の強さは、妻や親戚筋も含め中途半端ではなかった。同じ会社に働く婚約者の父親から猛烈な反対を受け、退職を断念せざるを得なかった社員もいれば、妻の父からの反対を理不尽なものとして、反発してむしろ退職に踏み切った社員もいた。独立組の先頭に立って、ソフトウェア・システム会社——コスモ・エイティ——の設立にあたった技術者は、地元の興産会社のオーナー社長からの出資を受ける約束をしていたが、土壇場でその約束を反故にされた。それは、オーナー社長がＩＨＩとの取引停止を恐れたため——結局のところ、ゴルフ場経営者がビジネスエンジェルになるのだが——であった。企業城下町での大企業からのスピンオフは、まさにかつての脱藩浪士の心境そのものである。高杉は三宅なる人物の辞表提出をめぐる騒動をつぎのように描いた。

「三宅の辞表提出は、その日のうちに、ひばりが丘の社宅中にひろまり、小学校五年生の長男と二年生の長女から会社をやめないでくれと泣いて頼まれたが、辞表が受理される前に社宅から出なければならず、三宅は東久留米に家を借りて、ＩＨＩの同僚と顔を合わせるのが忍びないので夜逃げするように引っ越した。『どうして昼間引っ越さないの』と子供にしつこく訊かれて、三宅はまいった。どうにも説明のしようがなかった。」

また、病気がちの子どもが通院するのが勤め先企業の附属病院であり、妻から病院を変えることの不安から猛反対を受けた社員もいた。このような光景はスピンオフした八〇人ほどの社員たちが、多かれ少なかれ経験したことであったという。当時の大企業のフリンジベネフィットであった住宅購入資金も、会社の利子補給を受けているだけに、それぞれのメンバーにとって退職にあたっての大きな金銭的負担となった。高杉は、それをつぎのように描いた。

「退職するためには、会社で借りている住宅資金を返済しなければならないが、自己都合の場合、退職金が不利になるので、それで相殺できない者が多くそのためには銀行に肩代りを頼むしかないが、ＩＨＩと銀行の金利の差が三パーセントほど生じるので利子補給という問題も出てくる。それ以上に住宅ローンを肩代わりしてくれる銀行がなかった。コスモ・エイティが設立される直前の五月中旬の時点で、リストアップされた社員は八十五人だが、調べてみるとそのうち二十三人が住宅ローンの問題をかかえ、金額にして総額七千万円をＩＨＩに返済しないことには会社をやめられないことがわかった。」

救いは、ＩＨＩ時代に取引のあった日本の主要大企業が、独立後も、そのシステム開発能力の高さゆえに取引継続を強く望んでいたことであった。とはいえ、関係会社設立による外販計画が経営陣の交代によって宙に浮いていた。社内で熱心にその撤回と当初案の実現に心血を注いだ人物の、並はずれた起業家精神とリーダーシップが、八〇人近くのスピンオフを可能にしたのである。

だが、それ以上に、IHIのシステムエンジニアたちが、造船業での応用を遥かにこえてさまざまな産業分野において、コンピュータソフトウェア市場が大きな成長の可能性をもっていることを日々の仕事を通じて確信していたことが大きい。それだけに、新経営陣がコンピュータ業務の将来について、社内の合理化の計算業務への応用にしか理解がなかったことへの失望と反発も大きく、そこから生まれたスピンオフのエネルギーが爆発したともいえまいか。

こうした日本企業、とりわけ、企業城下町的な産業集積のあり方からは、日本において真の意味で新しい産業を生み出すポテンシャルを保持しているクラスターが存在しているのかどうか、大いに疑問が生じる。既存産地をクラスター化することの困難さ、とりわけ、シリコンバレー型やヴァーサ型のクラスターとは大きく異なる日本の姿がそこにある。わたしなりにそうした点を整理しておくとつぎのようになる。

(一)「縦(社内)」よりも希薄な「横(社外)」の人間関係——技術者などの専門家に、自分たちの属する組織よりも専門家としての横のつながりを重視する精神性の欠如。とりわけ、新しい技術的な試みが社内において——往々にして技術的な将来性はそれ以前の成功体験によってトップ層に就いた経営陣には——認められない場合に、スピンオフしてでも専門家としてのあり方を強く意識する社会的価値観が不足している。

(二)企業間の「縦」関係の存在——地域で巨大な存在性をもつ親企業との下請・外注関係が長期間にわたって保持されていて、新たな取引関係を開拓する費用が大きいことを理由として、新たな事業を展開する新規企業と取引関係を結ぶことを自己規制する精神性が存在している。

(三)労働市場の流動性——技術者、専門家、経営者などの積極的な転職を可能とする外部労働市場の未発達と内部労働市場の存在。とりわけ、四月一日の新卒採用の擬制化と中途採用労働市場の未発達。

(四)濃厚な地縁血縁関係の存在——シリコンバレー地域では「だれも友人の母親を知らない」というように、地域内外からの人びとの流動性が高い。

本書で取り上げた造船業のような加工組立産業が特定地域に発達することは、そこに外部経済効果が働き、既存製品の大量生産が可能であった時期や比較的技術的変化の緩慢な期間においては、従来型の産業集積が圧倒的なコスト節約効果を持った。しかし、技術革新など広範なイノベーションが必要となった時期においては、そうしたかたちの産業集積のあり方自体が新たな産業を生み出す上で、しばしば障害となってきたことは否定できない。

この意味では、日本企業、とりわけ、大企業において、そこからスピンオフした人材によって起こされたベンチャー企業群と取引関係を新たにもつことは重要である。そうした新たな取引関係において、大企業本来の総合力が生かされる可能性も高まり、地域における産業転換のポテンシャルを高めることにもつながるのではあるまいか。スピンオフが少なければ、必然、大企業は社内において新規事業を試行せざるを得ないことになる。だが、そうした試みは大企業のもつ官僚体質によって、スピードは遅く、社内ベンチャー制度などの成果もお世辞にも日本の場合、大きいとはいえない。

しかし、日本の大企業は大きな変容を迫られてきている。かつて、日本の大企業が活性化していた高度成長期には、大企業そのものの成長は単一事業部門の成長に支えられていただけではなく、他社との激しい競合のなかで活発に新規事業に取り組み、手痛い失敗を重ねながら、いくつかの成功した事業による成長に支えられていた。大企業はそうした多くの分野にわたる事業をもつことで、内部労働市場の社内流動化を通じて組織の活性化も同時に達成していた。そこに働く者にとっては、自分の属する事業部門が閉鎖されても他事業部門への異動を通じて雇用が保障される社内の雇用セーフティーネットが張られていた。しかし、大企業といえども、つねに事業部門の見直しと再編成、新規事業分野への果敢な挑戦と育成がなければ、そうした組織の活性化は困難となる。日本の大企業が抱えている問題と課題はまさにそこにある。出口を見失った人材が社内に滞留すれば、大企業といえどもそれは大きな負担となる。そして、明らかにスピンオフには、それができる歳回りと時期があるのである。

さて、再度、クラスターのあり方を考えておこう。シリコンバレーは、世界各地から集まる技術者や事業家たちを吸収し、また、そこに立地する一定分野に突出した研究実績をもつ研究型大学——正確には大学院——にも世界各地から留学生が集い、それら留学生の就職労働市場が発達してきた。日本において、そうしたシリコンバレー型クラスターを形成することは困難であっても、少なくともフィンランドのヴァーサ型クラスターに近似させるには、つぎの諸点、とりわけ大企業のそれまでの行動パターンを変革することが大きな鍵となっている。要するに、大企業などからのスピンオフを促進させるには、スピンオフに関わるリスクを社会的に軽減、分散する仕組みの検討こそが必要なのである。

(一)積極的に新たな取引関係を構築すること——大企業がスピンオフ組と積極的に取引を行うこと。とりわけ、技術主導企業において市場開拓が困難である場合に、大企業のもつ市場開拓力は重要性をもつ。

(二)積極的な投資と金融支援の必要性——スピンオフ企業は心情的にも大企業からの出資を忌避するため、独立系の投資ファンドからの投資や地元金融機関からの金融支援が重要になる。新たな技術などの評価については、大学や研究機関に在籍する専門家たちの第三者的評価が重要になる。

(三)産学連携の地域イノベーションシステムの構築——新たなスピンオフ型企業にとって大学や公立研究機関などの施設利用や専門知識の交換などもまたきわめて重要になる。

(三)の点については、わが国の場合、造船工学科や船舶工学科をもつ高等教育機関は造船の主要産地である地域の大学に設けられてきた。ただし、造船業の場合、船舶工学のみならず、あらゆる技術分野にかかわる研究成果のスピルオーバー効果も重要であり、そうした研究成果の応用意識の強い研究者とそれを支持・支援する研究機関や大学などが周辺に立地していることも大事である。

ここで、わが国の造船工学史について再度ふれておく。もっとも早い段階で造船学科が設けられたのは東京大学で、明治一七［一八八四］年のことであった。その後、大正六［一九一七］年には船舶工学科と五講座が設けられ、昭和一七［一九四二］年には千葉に新設された第二工学部でも船舶工学の講義が行われている。

戦後も船舶工学科は継承され、昭和三〇年代から昭和四〇年代にかけて講座の増設が行われている。船舶工学科は平成元［一九八九］年に船舶海洋工学科に改称、その後さらに、環境海洋工学専攻へと名称が変更されている。この学科名称変更は戦後のわが国造船業の変化を反映している。

横浜国立大学は、大正九［一九二〇］年設立の横浜高等工業学校を前身として、昭和二四［一九四九］年に設立されたが、その際、工学部に造船工学科が設けられた。この背景には、横須賀で造船業が盛んであった歴史性を無視できないであろう。さらに、昭和三八［一九六三］年に修士課程が設置されたときに、建設学科に船舶・海洋工学専攻コースが設けられた。

静岡県の東海大学には昭和三七［一九六二］年に理工系、水産・生物系、人文・社会科学系の学際教育・研究を目指した海洋学部が設けられた。海運・造船との関係では、航海工学科があり航海学専攻と海洋機械工学専攻の二つのコースがある。その後、昭和四〇［一九六五］年に海洋学部に船舶工学科が設置され、平成一〇［一九九八］年にマリンデザイン工学科、平成一八［二〇〇六］年には船舶海洋工学科へと改称されている。

大阪府の場合、当時、勃興しつつあった繊維や造船などに必要とされる技術者などを養成する目的で、明治二九［一八九六］年に設立された官立大阪工業学校が、当初は機械工芸科と化学工学科を設け、三年後には船体科を設けた。同校は明治三四［一九〇一］年に大阪高等工業学校に改称され、引き続き造船部が設けられ、昭和四［一九二九］年に大阪工業大学となった。

その後、昭和六［一九三一］年に大阪にも帝国大学が設けられ、大阪工業大学は大阪帝国大学に編入され、造船部は工学部造船学科——平成元［一九八九］年に船舶海洋工学科——となった。同大学が昭和二四［一九四九］年に新制大学となった際に、溶接工学専攻も設けられた。

大阪府にはもうひとつ造船学科をもつ学校がある。それは、大阪工業高等学校で、昭和一七［一九四二］年に造船科が設置され、二年後に大阪工業専門学校造船科に改称された。戦後は、昭和二四［一九四九］年に新制大学となった大阪府立浪花大学工学部に造船学科が設けられ、昭和三〇［一九五五］年に大阪府立大学工学部船舶工学科となり、昭和三〇年代には修士コース、昭和四〇年代には博士コースが設けられている。造船関係は、現在、海洋システム工学という名称になっている。

九州では福岡の場合、九州大学に明治四四［一九一一］年に工学部——九州帝国大学工科大学——が設置され、その九年後の大正九［一九二〇］年に造船学科が設けられた。九州大学の造船学科の講座は充実し、戦後のわが国造船業界の成長期に技術者を提供し続けた。昭和四五［一九七〇］年には六番目の講座として溶接工学講座が設けられ、その後、平成四［一九九二］年には造船学科は船舶海洋システム工学科と改称され、平成一〇［一九九八］年には建設都市工学科と資源工学科とともに地球環境工学科に統合され、現在は船舶海洋システム工学コースとなっている。

長崎県では、地元に教育機関の設置を求める声に応えて、川南高等造船学校が昭和一七［一九四二］年に設立され、機械工学科と造船工学科が翌年スタートした。その後、川南造船専門学校、長崎造船専門学校と改称され、昭和二五［一九五〇］年に長崎造船短期大学として新たに開校し、昭和四〇［一九六五］年には長崎造船大学となり、昭和五一［一九七六］年には修士課程が設けられた。昭和五三［一九七八］年に同大学は長崎総合科学大学と改称され、船舶工学以外の工学科も設けられ現在に至っている。

広島県では、大正九［一九二〇］年創立の広島高等工業学校と昭和二〇［一九四五］年設立の広島市立工業専門学校を前身にもつ広島大学工学部に、昭和二四［一九四九］年に船舶工学科が設けられた。その後、昭和三五［一九六〇］年に、土木建築工学とともに造船工学の専攻コースが設置された。これは、地元の主要産業である造船業を強く意識した結果といってよい。昭和三八［一九六三］年に大学院修士課程が設置されたときも、船舶造船関係は船舶工学専攻コースとして継承された。現在は、船舶以外の輸送機械分野なども意識され、船舶工学は輸送・環境システム専攻に統合されている。

最近では、すでに紹介したように、愛媛大学に、平成一一［一九九九］年に、大学院理工学研究科船舶工学特別コースが五年間の期限付き講座――インターンシップ・プログラム併設――として設けられた。愛媛県はわが国造船業の重要拠点の一つであり、いままでそうした研究・人材養成コースが大学に設けられていなかったことの方が不思議なぐらいであった。同コースは、現在、建造量では日本のトップクラスにある今治造船による、産学連携を強く意識した寄付講座である。修士論文の指導についても、単なる学術理論研究ではなく、技術開発等の実務的な内容を盛り込んだものが志向されている。この意味では、フィンランドの技術開発庁と大学との連携による研究開発プログラムに近似しているともいえよう。

こうしてみると、わが国の造船主要産地には造船工学専攻をもつ大学(*)が存在する。そうした大学と造船所は技術者など人材供給という面だけではなく、共同研究開発を通しての双方の協働効果の役割もあった。だが、現実に、大学の研究者たちがどのような分野でより具体的な成果を思い浮かべて双方にメリットのある共同研究体制を組むかについては、単に資金や技術だけではなく、それをリードする人材が求められているのである。

＊高等専門学校については造船工学科という名称のコースは設けられていない。とはいうものの、造船所を持つ地域の学校については、機械工学科や電子工学科などの卒業生が造船業界に就職している。たとえば、広島県では呉工業高等専門学校、愛媛県では新居浜工業高等専門学校、九州では福岡県の有明工業高等専門学校、長崎県の佐世保工業高等専門学校、大分県の大分工業専門学校などがその事例である。なお、現在、高校で造船科が設置されているのは、広島県立大崎海星高等学校、山口県立下関工業高等学校、高知県立須崎工業高等学校、長崎県立長崎工業高等学校などである。他方、八校は造船学科を廃止した。具体的には、岩手県立釜石工業高等学校（一九九〇年募集停止）、三重県立伊勢工業高等学校（二〇〇二年廃止）、神戸市立科学技術高等学校（一九八九年廃止）、兵庫県立相生産業高等学校（一九八八年廃止）、島根県立松江工業高等学校（一九九〇年募集停止）、玉野市立玉野備南高等学校（一九七七年廃止）、広島県立広島皆実高等学校（一九五三年に広島県立大崎高等学校が造船科を吸収）、徳島県立徳島東工業高等学校（一九九〇年募集停止）、日本文理大学付属高等学校（佐伯市、一九七一年廃止）。

造船産業の盛衰像

広島経済も他府県と同様、工業部門の占める割合は、いわゆる経済のサービス化と製造業の海外移転によって必ずしも高いものではなくなった。とはいえ、全国平均では地域経済に占める工業生産額の割合は高くなっている。工業についてみれば、製造品出荷額の四分の一以上は依然として輸送用機器で、全国的には、輸送機器において広島県の占める割合は約四分の一であり、その中心をなすのは、自動車と造船である。

このうち、造船業について（社）日本造船業工業会加盟企業でみると、全国ベースではつぎのようになっている。対象企業は造船専門あるいは造船部門をもつ企業である。造船部門人員には事務・技術職と技能職を含む。

年	対象企業数	造船部門人員（人）	協力工（人）
昭和五一［一九七六］年	二三社五一工場	一一〇二三五	三一三四〇
昭和五六［一九八一］年	二三社四六工場	五八〇三七	二四一三五
昭和六一［一九八六］年	二三社四四工場	四七三八〇	一六〇三四
平成　三［一九九一］年	一八社三八工場	二三五一六	一四四一二
平成　八［一九九六］年	一八社三七工場	二一六二三	一五四八〇
平成一三［二〇〇一］年	一八社三五工場	一八一五一	一八八六五
平成一八［二〇〇六］年	一八社三五工場	二〇六四六	二六一八八
平成二二［二〇一〇］年	一八社三五工場	二四八五九	二八四六一

ちなみに、対象企業のうち、造船部門のほかに陸上部門の事業所をもっている企業の全従業員に占める造

船部門の従事者割合を示しておくと、たとえば、昭和五六［一九八一］年には二八・三％であったが、二〇年後には一九・三％へと減少、その後の造船需要回復で平成二二［二〇一〇］年には三一・一％へと再び上昇している。

こうした日本全体の傾向のなかで、広島県の造船業を展望しておきたいが、そのまえに、もうすこし造船業自体の現状分析を行っておく必要がある。すでにふれたように、世界の造船業は、日本・韓国、それに近年伸張著しい中国——大連と上海——のいわゆる造船トライアングルに集中する傾向を強めてきた。こうした世界的な分業関係のなかで、日本の造船業界がどのような位置を占めているのか、あるいは将来どのような位置を占めることができるのか。

すでに指摘したように、日本の造船業は世界の物流動向と船腹需給の変動に大きな影響を受けながら、再編成を繰り返し現在に至っている。そして、今日、ハイテク製品などを搭載する輸送機器を得意とするようになってきた。ただし、造船業は、その製造過程が自動化されても基本的には船殻づくりにおける労働集約性と労賃コストに大きく依存する輸出型産業であり、世界の船腹需要と為替変動によって直接的に大きな影響を受けざるをえない構造を依然としてもっている。

先にみた造船業従事者の推移は、そのままわが国造船業の国際競争力の栄枯盛衰と構造変化を反映している。（社）日本造船工業会加盟企業の造船部門従事者は昭和五一［一九七六］年から平成一八［二〇〇六］年の四〇年間に八〇％近くの減員を見ているのである。この間の変化は、世界の造船業界における日本の造船業の位置の変化そのものである。すなわち、日本は価格競争力で敗退し、非価格競争力分野で残存したのである。こうした構造変化はかつての造船国であった欧州諸国などでも同様であった。いまでも、船舶用ディーゼルエンジンの主要生産国をみると、韓国の躍進が目立つものの、日本、ドイツ、デンマーク、フィンランドなどが上位を占めている。造船業もまた世界的分業体制のなかで、価格競争力による造船設備の再編——海外再立地も含め——と、非価格競争力によるエンジンや航行用機器の生産・調達網の整備など、新たな展開を迎えている。日本についてみても、昭和六一［一九八六］年に船台・建造ドックは全国で二七〇台、修繕ドックは二〇七台あったが、前者については平成一四［二〇〇二］年頃から二〇〇台を割り、後者については平成元［一九八九］年に二〇〇台を割っている。

広島県について、『海運造船会社要覧』から広島県内に本社をおく造船企業あるいは造船関連の事業所を取り上げてみると、因島町に二社、呉市に四社、尾道市に二社と一事業所、瀬戸田町に一社、福山市に一社、三原市に一社、広島市に一事業所、大崎上島に四社となっている。県内の造船台建造ドックでは、一〇万総トンを超える造船所が呉市に五ヵ所、三万総トン以上は尾道市に二ヵ所、瀬戸田町に一ヵ所、因島町に一ヵ所である。一万総トン以上は広島市に一ヵ所、五〇〇〇トン以上が因島町に一ヵ所である。このように造船能力からすれば、広島県は依然として瀬戸内地域での有力県となっているのである。

ただし、こうした造船所にも大きな変化がみられてきた。大手造船所の場合、脱造船の方向性が一層明確になり、橋梁や工場関連設備などの陸上部門や航空機エンジン部品を手掛け、今後、そうした方向に一層傾斜しようとしている。また、より付加価値の高い専用船などへの特化を推し進める造船所もみられ、造船業界の需要の質的転換に呼応する動きがより活発になってきている。広島造船業の一大集積地である呉市の場合、造船を中心とする輸送用機器——四人以上の事業所が対象——についてみるとつぎのように推移している。

年	事業所数	従業員数	製造品出荷額等（百万円）
平成一六［二〇〇四］年	五〇	三二二二	一五八一七
平成一七［二〇〇五］年	七七	四二五九	一六八三〇
平成一八［二〇〇六］年	七九	四五三五	一八二八二
平成一九［二〇〇七］年	八三	五二六三	二二七九四
平成二〇［二〇〇八］年	八一	五一四八	二三一一七

他方、広島県のもう一つの造船産地である福山市をみてみると、造船を含む輸送機器——従業員四人以上の事業者が対象——の概要はつぎのようになっている。

年	事業所数	従業員数	製造品出荷額等（百万円）
平成一五［二〇〇三］年	二九	六〇六	八一七三
平成一六［二〇〇四］年	二八	六六五	八五四五
平成一七［二〇〇五］年	九二	二五四〇	六一七〇七
平成一八［二〇〇六］年	九六	二九三四	七七六五七
平成一九［二〇〇七］年	一〇一	三一六五	一四七九三二
平成二〇［二〇〇八］年	一〇一	三四三二	九七二〇五

福山市の場合、平成一七［二〇〇五］年二月、沼隈町と合併し、常石造船など造船業関係者の多い沼隈町が福山市の『工業統計表』に含まれることになった。平成一七［二〇〇五］年から輸送用機器の事業所数、従業員数、製造品出荷額等が急増しているのはそのためである。呉市と福山市の両市における輸送用機器の関連

事業所の推移をみる限り、増加傾向がみてとれる。造船業は現在もそれぞれの地域経済において大きな位置を占め、その地域社会に果たす役割は無視できないのである。

ところで、九州経済調査協会は『昭和四七年度九州経済白書―新しい国際環境と九州経済―』の特集「不況下で再編進める九州の造船業」で、昭和四七〔一九七二〕年一月末現在の九州・山口地区の主要造船企業二三社、二七造船所――福岡市の二造船所、北九州市の二造船所、長崎市の四造船所、佐世保市の三造船所、宇部市の一造船所、下関市の六造船所、佐伯市の二造船所、鹿児島市の一造船所、臼杵市の二造船所、南郷市の一造船所、串木市の一造船所、山川町の一造船所――の動向を取り上げている。

これら造船所のその後の動きをみておくと、大手漁業会社の系列にあった造船企業は下関と長崎に造船所をもっていたが、長崎については昭和五五〔一九八〇〕年に、下関については昭和六三〔一九八八〕年に閉鎖した。長崎の造船所については別会社や台湾企業などへの譲渡をへて、地元造船企業へと引き継がれている。経営権が別会社に移転されているのは大分県の造船企業でも同様である。陸上分野に転換した企業もみられる。そうしたなか、造船不況で設備削減を経験しながらも、技術力、とりわけ設計力を確実に高め、平成一二〔二〇〇〇〕年に「経営革新支援法」による「経営革新計画」を造船業界ではいち早く承認されたところもみられる。

全体傾向を企業数の変化からとらえると、リストアップされていた二三社のうち、不明が四社、吸収・合併などで経営権が変わったのが二社程度あり、その後造船不況で規模縮小を余儀なくされた造船所もあるものの、九州地域は依然として造船業を保持してきた。

九州経済調査協会はその後も『九州経済白書』で造船業を取り上げている。たとえば、『昭和五〇年度九州経済白書―中小企業と地域経済―』で「造船下請・関連企業」の特集を組み、当時のわが国造船業の現状をつぎのように総括した。

「わが国造船業の高度成長は驚異的ですらある。一九四七年の計画造船政策の開始以降、世界鋼造船の限界供給者にすぎなかったわが国造船業は、一〇年後には世界の首位の座に躍り出てメイン・サプライヤーの地位を形成した。その後もさらに世界に占めるシェアを拡大し、一九六八年には八五八万トンの進水量で世界の過半のシェアを占めるに至り、現在までその地位はゆるぎない。」

同調査会は第二次輸出船ブームの下、造船下請・関連企業のなかにも成長企業が出現してきたことに注目し、一一社ほどの事例を取り上げている。その概要をわたしなりに整理して示しておけばつぎのようになる。

A社―詳細不詳、B社―鋳造技術、C社―輸出市場の新開拓、D社―メッキ加工、E社―構内作業、F社―構内作業とブロックなどの加工、G社―清掃と塗装、H社―チューブ・パルプ加工、I社―ウィンチなど船用機械製造、J社―艤装、K社―熱交換器と各種機械加工、L社―機械加工。

これら企業のうち、現在にいたるまでの事業展開を確認できるのは全体のおよそ八割にすぎない。具体的にみておこう。

B社――設立年不明――は現在もダクタイル鋳鉄管を中心としながら、船舶向けだけではなく上下水道、鉄道用部品、プラント部品など陸上分野も手掛けている。

昭和二九［一九五四］年設立のD社は溶融亜鉛メッキで塗装――粉体と溶剤――での技術を高めつつ、陸上分野を充実させてきている。

戦後の混乱のまだ残る昭和二〇［一九四五］年に溶接業としてスタートしたF社は、大手造船所の構内下請として事業を拡大させつつ、昭和三〇年代には自ら専用の加工工場を建設し、船用機器や関連部品、鋼構造物など自社開発製品の比重を高め、専門企業を目指してきた。

昭和二三［一九四八］年設立のG社は、大手造船所との取引だけではなく、造船部門では小型鋼船の建造・修繕、陸上部門については大手ゼネコンとの取引を開拓し鉄骨建築――橋梁など――にも積極的に取り組んできた。とりわけ、鉄骨構造物では技術力の高い企業として知られてきたが、平成一八［二〇〇六］年末に行き詰まり、負債総額約三五億円で民事再生法による再建を目指している。

昭和二五［一九五〇］年設立のH社は、高齢熟練者の雇用で地域ではよく知られた企業であった。当時からチューブ・パイプ（管）曲げ加工では高い技術力を持っていた。船に必要な脱気器、ガスタービン用排気管、高圧ガス用管での技術を高め、その後、英国企業などとの技術提携に加え、自社技術の開発によって陸上部門の比重を高め、ボイラー用過熱管、プラント用加熱炉・加熱管の分野にも進出している。大手造船所との結びつきが強い専門企業として現在に至っている。

このなかでもっとも成長著しく、当時においてすでに中堅企業と位置づけられ、その後の成長も予想されていたのはI社とJ社であった。I社の場合、昭和一四［一九三九］年に佐世保市の海軍工廠関連事業から創業され、戦後は土木や鉄工、窯業など多角経営を手掛け、その後、朝鮮戦争の頃から鉱山用機械と船舶用機械に集中していくことになる。当初は鉱山関連が売上額のほとんどを占めたが、船用ウィンチの開発と量産化によって甲板補機メーカーとしての地位を築いていった。その後、デッキクレーンを開発、ノルウェーから技術導入してハッチカバー部門に参入、両部門が同社の収益を大きく改善していくことになり、世界的にもその製品は知られるようになった。同調査会はI社について、「旺盛な研究心に支えられた技術のイノベーション」、「海外の技術導入を積極的に図るなど技術蓄積にも極めて熱心」、「組織的にも生産部で研究試作をすすめ、開発設計一四・五人を中心研究スタッフに据え積極的構えをとっている」というように、研究開発型の造船関連企業として位置づけている。

その後のI社はさらに事業を拡大させ、平成一四〔二〇〇二〕年以降、中国へ進出し、船体ブロック製造や造船業に乗り出した。しかしながら、リーマンショック後に受注のキャンセルが続いたことなどにより、関連企業の行き詰まりも含め、負債総額約七五八億円で会社更生法を平成二〇〔二〇〇八〕年末に申請している。東京商工リサーチの倒産情報は、造船向け機械受注と中国での事業展開によって過去最高の売上額を達成したものの、そのための投資による金融債務負担に加え、鋼材価格の高騰、円高による為替差損によって急速に資金繰りに窮したと伝えている。I社の再建支援には同じ長崎県下の中堅造船企業が乗り出すことになる。

I社が立地する佐世保市の市長は同社の会社更生法申請について、平成二〇〔二〇〇八〕年一二月一二日付で「中国の造船事業も、第一船の引き渡しが終わり、順次、連続して数隻の建造がなされており、また、数十隻の受注残もあらわれることから、業績も回復し、自力での再建が可能と思っていた矢先のニュースに大変驚いています。……デッキクレーン、ハッチカバーにおいては、世界的トップメーカーとして、優秀な技術とシェアを持っておられる企業であり、船舶・船用業界においては、なくてはならない存在だと聞いております。この世界的金融危機の中で、資金調達がうまくいかなかったのが要因と思われますが、今後、金融機関、受皿企業が協力されて、もっておられる優秀な技術を守り、社員の雇用継続と協力企業への安定的仕事量が確保され、一日も早く再建されることを願っております。なお、本市においても金融相談窓口を設けるとともに、関係機関との連携を図りながら、地元企業の支援体制に取り組むことといたします」という発表を行っている。

このＩ社の行き詰まりについては、船用機器専門企業として世界的実績をもっていたものの、船舶需要が拡大していたとはいえ中国を中心に造船に乗り出したことへのリスク増大があったのも事実であった。

他方、昭和五〇［一九七五］年当時、資本金規模もほぼ同じであったＪ社はどうであったろうか。同社は昭和一八［一九四三］年に二つの家具店によって設立され、当初は船用の注文家具や装飾を行っていた。法人化は敗戦の翌年であった。Ｊ社は昭和三〇年代に一括船舶艤装へ事業を拡大させ、昭和四〇年代には大手商社との取引関係を築き、全国市場を対象とした企業へと成長していった。同社の昭和四五［一九七〇］年の売上額は約二六億円、その四年後には約一一〇億円と急成長を遂げている。この成長を財務面で可能にしたのは大手造船企業、中手造船所や大手商社などからの資本出資に加え、社債については大阪中小企業投資育成会社の引き受け、大手銀行からの長期資金導入であった。

同社は昭和五〇年代には、従来の船舶部門――艤装熱交換器や圧力容器などの製作――だけではなくその事業分野をインテリア部門――オフィスや商業施設などを含む――や住宅部門に拡大させている。船舶部門の艤装についてはキャビン・ユニット工法を開発し、国内建造だけではなく伸長著しいアジア諸国でも積極的に市場開拓を行っている。

このように昭和五〇［一九七五］年当時、同調査会がその高い成長性に着目した造船関連中小企業のうち、中堅企業へと成長した企業も見られる反面、その後行き詰まった企業も見られる。当時、同調査会は成長要因を①労賃コストの安さ、②政府の保護政策、③技術革新と合理化、④多角化による経営安定、⑤新鋭設備の導入、に求めた。この時から一〇年を経ずして「その地位はゆるぎない」とされたわが国造船業は大きな転換を迫られる。そのなかにあって、現在まで事業を継承してきた企業の成功がこうした要因の総和の結果であるとすれば、わが国造船業の競争力構造の変化はどのように解釈されるのであろうか。

いうまでもなく、①の労賃コストは他の諸国と比べて上昇しつづけ、②の政府の保護政策も以前と異なり丸抱えから選別的になった。こうした負の要因を補うだけの、③の技術革新と合理化、④の多角化による経営安定、⑤の新鋭設備の導入があったことになるのか。J社などは典型的な成功例であったが、同様の対応をすすめてきたI社などは為替差損や、結果としての過剰設備投資という「不運」にみまわれた側面も強い。そこには当然ながら経営者としての判断をどう評価するのかというマネジメント上の検討課題がある。

なお、参考までに佐世保市と長崎市の造船を含む輸送機器――従業員四人以上の事業者が対象――の概要をあげておく。


〈佐世保市〉

年	事業所数	従業員数	製造品出荷額等（百万円）
平成一八［二〇〇六］年	一六	一三九一	四八九六六
平成一九［二〇〇七］年	二三	一五四四	五一二四九
平成二〇［二〇〇八］年	三二	一七二四	六一六五九

〈長崎市〉

年	事業所数	従業員数	製造品出荷額等（百万円）
平成一八［二〇〇六］年	四六	二六九五	二〇二一三八
平成一九［二〇〇七］年	五〇	二九三一	二五六八九三

平成二〇［二〇〇八］年　四五　三二五五　二七〇二七四

ところで、船舶による物資輸送が世界の物流のほとんどを占め、船舶需要は今後も継続していくなかで、日本の造船業は、欧州諸国のようにさまざまな造船企業が立地してきた状況から、少数の有力造船企業だけが立地する状況へと変化してしまうのか。

鋼船建造量だけからみると、わが国の造船業は昭和五〇年代の第一次造船不況、平成に入ってからの第二次造船不況によって、たしかに有力造船企業を中心としグループ化による業界再編成が進展してきた。この背景には為替変動にわが国造船業の国際競争力が翻弄されてきたことや、韓国や中国の造船業の興隆がある。たとえば、三菱重工業が商船部門の造船所再編を行ってきたほか、川崎重工業は神戸の造船部門を船舶海洋カンパニーとして分社化させた。住友重機械工業も横須賀の造船部門を分社化させ、三井造船は石川島播磨工業の造船部門や住友重機械工業の艦船部門と業務提携などを通じてＩＨＩマリンユナイテッドに事業統合を行った。日本鋼管と日立造船もまた造船部門をユニバーサル造船へと事業統合し、さらに、その後、ユニバーサルとＩＨＩマリンユナイテッドの合併が行われている。日立造船は、その後、保有株式の過半を売却して造船業から事実上完全撤退し、船舶用ディーゼル機関の製造は残したものの、機械機器メーカーとして事業の再編を進め、それまでの技術蓄積と新分野の結合を模索している。その方向の一端は、津波災害で強く求められるようになった早期警報システムの開発、すなわち、従来は沖合約二〇キロメートルで観測していた津波監視を一〇〇〇キロメートルでも観測可能とする装置の開発である。日立造船は海上に波浪測定用のＧＰＳ――全地球方位測位システム――を組み込み、津波のデータを送信できるブイの共同開発を米国のソフトウェア企業と進めてきている。

他方、韓国など海外企業との業務提携という動きでは、広島県福山市の常石造船が韓国の三星重工業と関係を深めてきた。常石造船は日本の造船業界にあって、ドル建ての建造契約での為替リスクを低減させるために、従来から積極的に海外生産を進めてきた企業である。常石造船にとって海外生産のきっかけとなったのは、昭和六〇年代後半以降に対ドル円高基調による為替差損に苦しんだことである。

常石造船は平成四[一九九二]年に、フィリピンのセブ市内にまず船舶設計会社を設立、翌年にはセブ市近郊に船舶解体リサイクル企業を起こし、フィリピン人作業員の訓練を行い、平成六[一九九四]年に造船会社——Tsuneishi Heavy Industries, THI——を設立している。その年に採用したフィリピン人大卒技術者を一年間、福山市の本社工場で教育——船舶製造、設計、日本語習得など——し、本社からは一〇〇人を超す指導員をセブ工場に送り込み、平成八[一九九六]年に二万三〇〇〇トンのバラ積み貨物船の建造を始め、一年後に完成させている。現在のセブ工場は、年間一〇隻以上の建造能力をもつ造船所となっている。

常石造船がインドネシア、マレーシア、ベトナム、ミャンマーなど各地の立地調査を行った上で、結果としてフィリピン立地を決めた要因について、当時、立地調査に関係した長谷川弘氏はつぎのように指摘している（長谷川弘「常石造船の海外展開」『季刊中国総研』二〇〇四年第二九号所収）。

①「国民の教育レベルが比較的高い」、②「英語を公用語としていて、コミュニケーション上で不自由はない」、③「ほとんどの人がキリスト教（カトリック）で、その文化、習慣に関して日本人との共同作業上での違和感がない」、④「地理的にアジアの中心に位置し、特に日本との交通の便がよく、人・物の行き来に不便さがない」、⑤「労働力が比較的長期に渡って確保できる」、⑥「信頼できる現地パートナーがいた」、

⑦「当時のフィリピン国内での反政府勢力はミンダナオ島を中心として活動しており、セブ島では治安上の問題は発生しない」、⑧「造船業に有利な、雨が少なく、水深があり、広い土地が確保できるなどの基本的条件」。

常石造船はセブ島で海外生産のノウハウを蓄積し、平成一三［二〇〇一］年に中国江蘇省鎮江に常石（鎮江）鋼装有限公司を設立、まず舷梯・糧食クレーンなど船舶用小型艤装品の製造から始めた。二年後に浙江省舟山群島の秀山島に常石集団（舟山）船業発展有限公司を設立、船舶用居住ブロックや機関室総組ブロックを手掛け、さらに常石集団（舟山）大型船体有限公司を設立し、機関室前方船体ブロックの生産を手掛けている。中国工場で組み上げられた船体ブロックは本社工場に送られ他のブロックとともに組み上げられ、船舶として完工させる体制となっている。

長谷川氏は韓国や中国に負けない国際競争力を維持するためには、わが国造船業がグローバルな生産体制を組む必要性をつぎのように指摘している（前掲誌）。

「弊社は第一に事業のグローバル化が鍵を握ると考え、海外展開を積極的に進めています。まず、海外においては国内に比べて低い土地や建設のコストを生かすことにより、事業展開に必要な投資コストを抑えることができること、日本国内に比べ、人件費や調達のコストが低いため競争力のある船価を設定しやすいこと、また、海外で生産し、海外の顧客へ販売することにより、円高の影響を受けにくいこと、といった利点があります。今年（二〇〇四年―引用者注）フィリピンでの創業一〇周年を迎え、ＴＨＩ生産量は弊社新造船売上高比で約二〇％を占めるまでとなりました。さらに中国と合わせ海外での生産量を拡大し、まず国内と同じくらいにすることを目指しています。

一方国内では、新製品の開発、販売、設計、資機材の調達・輸送、生産技術開発、工程・品質管理、IT化、技能伝承などの中枢を担い、国内外の工場の強みを最大限に生かした、グローバルな生産体制を構築していく戦略基地として、その存在意義を明確にしていかねばなりません。」

こうした動きは、日本の大手造船所が国内生産重視をとってきたことと対照的である。常石造船に限らず、日本の造船業は今後、国境を越えたいわゆる造船トライアングル地域内の業務提携や事業統合などを考えざるをえない時代になってきている。こうした大手有力造船企業や中手造船企業の経営動向のなかで、中小造船所がどのようにしてその位置を確保するのか。それは、わが国の造船業が造船トライアングル内でどのような位置を占めることができるのかという課題にほかならない。

その手がかりは、造船産地内で倒産、転廃業があるなかにあっても、造船業への新規参入や企業の再立地が行われることによって、造船業が活性化されているかどうかに依るといってよい。内外から新たな企業を引き付けるだけの活力と潜在力——ポテンシャル——をわが国の地方造船産地が果たして有しているのかどうかが問われているのである。

そうしたポテンシャルのあるべき姿は、韓国(*)や中国(**)といった造船設備そのものの拡張傾向——新設など——に対抗して、単に既存設備の生産性を引き上げるだけではない。より軽量の素材開発や省資材化をすすめることのできる設計技術能力の向上、燃料消費量を引き下げることのできる低燃費船（エコシップ）の設計技術の開発、船舶からの窒素酸化物排出量の削減を実現する効率性の高い船舶用ンジンの開発、従来のディーゼルエンジンなどに代替できる電気モーターによる推進システムの開発、航行中の船舶のさまざまな情報を通信できる運用管理システムの開発など、日本の造船産地——造船クラスター——の総合力がますます重要となってきている。

＊韓国は一九九三年に新造船受注量で日本を抜いて世界一となって以来、躍進を続けてきた。韓国の代表的な造船所は、現代重工業蔚山造船所、三星重工業のほか、STX造船、韓進重工業、現代三湖重工業、SLS造船、大宇造船海洋、現代尾浦造船、大鮮造船などがある。

＊＊中国は二〇〇〇年以降、急速に造船能力を高めてきた。この背景には中国政府の積極的な造船振興策がある。中国は新造船受注量で二〇〇五年に韓国、日本についで世界第三位となった。中国政府はかつての日本や韓国と同様に造船業を輸出産業と位置付けている。

また、大型クレーンの導入といったドック内での大型船体ブロック組立の作業効率面だけでなく、高齢化が進む中で一層の安全確保と作業能率をどのように高めていくのかという課題もある。

わが国造船業は、日本の産業全体を象徴してもいる。その弱点としては、国内需要だけではなくドル建契約の世界的な需要に大きな影響を受けやすい体質、事業転換能力の低さ、エネルギー政策等で国策を欠く国際的な政治力の低位性、時代遅れとなった規制にあぐらをかいてきた古い企業体質、規制緩和を進められないために失われた事業機会などが指摘される。

かつての日本の製造業において大きな位置を占めた造船業が変わることこそが、日本経済の試金石となっているともいえよう。

終章　新造船業からの視点

日本造船業の将来像

日本の保有商船の船腹量が、ようやく五〇〇万トン台へと回復したのは昭和三〇年代半ばのことであった。これは戦後日本経済の歩みを象徴している。資源のほとんどを海外に依存してきた海洋国家日本にとって、世界との繋がりを象徴する海運を支えることの重要性が確認されたことで、やがて戦前のピーク時の保有商船の船腹量を上回っていく。

こうした状況のなか、昭和三八［一九六三］年、政府は「海運業再建整備臨時措置法」により最低限一〇〇重量トンの船腹を有する海運会社の育成に乗り出した。三年後には、わが国の保有船腹量は一二〇〇万トン台となり、世界第五位の海運国となった。この急激な船腹量の拡大は、巨大タンカーの登場や貨物船の定期運行などによってもたらされたものである。さらに背景には、わが国の輸出拡大とそれを支える資源の輸入増大があった。こうしたわが国の海運業の成長は、日本の造船業に大きな刺激を与え、日本の造船業もまた国内需要だけではなく、世界市場に巨大タンカー、高速貨物船を輸出することで大きな発展をみせた。

さて、こうした歴史的経緯のなかで、日本の造船業、とりわけ今後の方向性をどのように位置づけるのか。いまでは、常識化したブロック工法による造船は、その加工組立て工程における労働集約度とコストに大きく依存してきた。価格競争力は労働コスト、機械などの資本コスト、工程の合理化など技術コストから構成されており、一般的に労働コストに大きく左右されてきた。この点で、造船業史において、英国などの欧州国家に対する日本の勃興があり、ここ四半世紀は日本に対する韓国や中国などアジア諸国の勃興があって造船建造シェアは変動してきた。

他方、造船業ではこれまでの単なる海に浮かぶ「器」加工という面から、形状デザイン、船用エンジン、航行システム、船体の気密性や安全性など非価格競争力の重要性が増してきた。

日本の造船業はこうした価格競争力と非価格競争力の間を揺れ動きながら、基本的な方向としては高付加価値船の開発と建造にシフトしてきた。そして、欧米諸国やアジアの新興国との競合あるいは協力関係が進展するなかで、それぞれの国の造船業の存立分野の確定があった。もちろん、韓国などが開発能力を高めることで非価格競争力をつけ、また価格競争力の改善、さらには各国通貨の為替変動などもあって、各国の存立分野はけっして静態的・固定的ではなく、動態的である。ただし、建造量の世界的シェアから見る限り、日本の造船業の国際競争力は明らかに低下してきている。

それでは、今後のわが国の造船業の将来像――新造船業――をどのように描くことができるだろうか。欧州諸国の造船業のように、開発能力をもつ船用機器や特殊船などの造船企業は存存するものの、船舶需要におけるボリュームゾーンについては韓国や中国などの造船業にその席を譲ってしまうのか。

それは、マクロ的には世界の船舶需要の動向に対応し、ミクロ的には日本造船業が韓国や中国に対抗する国際競争力を維持できるかに、かかっている。さらには、個別経営において効率的な経営を維持できるかということでもある。いわば、造船業における経営の設計である。

経営設計ということばは一般的ではないが、造船における中核的な競争力の一つは設計力であることもあり、その文脈でマネジメントにおいてもその経営をどのように設計するのかが問われている。経営設計という概念は、日本の造船業の従来のあり方と今後のあり方をとらえるうえで、その本質を示してもいる。わたし自身、造船業の個別経営をみていて気づいたのは、転換期において求められたのは技術力や資金力であったが、実際にはそうした経営資源に恵まれた企業が転換できたわけではなかったことである。大企業だから転換できたわけでもなければ、中小企業だったから困難であったのでもない。そこで大きな役割を果たしたのは経営者の意思ではなかったろうか。

わたしは経営組織論を講義などで論じるときに、まず放物線を描くことにしている。どのような製品であろうと、あるいはどのような産業であろうと、そこには必ずピークがある。そのピークをさらに持続させようとするのに、ピークを過ぎた下降局面でイノベーションに取り組むことは必ずしも容易ではない。きわめて逆説的であるが、企業は成長局面や安定局面でこそイノベーションに取り組むことが重要なのである。安定は不安定な種々の試みによってもたらされるものであって、日本の造船企業もまた、然りである。

現在において、日本国内で造船業に新たなアイデアや新技術を積極的に持ち込むことによって、造船業以外の分野から参入しようという事業家がいるのかどうか。日本の造船業には高度経済成長期において、多くの新規参入者がいて、さまざまな工夫と市場開拓によって多様性に富む中小造船業が生まれた。と同時に、大手造船企業については、造船部門から他部門への活発な展開がみられた。わたしはいろいろな産業や産地――いまではクラスターなどと呼ばれるが――を観察してきて、同一産業であっても、多様性に富んださまざまな企業の存在こそがその産業の底力であり、他分野への潜在的参入能力の高さであると認識してきた。そうした活気が造船業とその周辺産業から今後また生まれてくるのかどうか。あるいは、そのためには、どのような経営者、技術者、技能者が必要とされているのか。さらには、どのような政策支援が必要なのか。

今回、この本をまとめるにあたっては、造船企業の経営者や技術者、造船工学の研究者、造船産地の金融機関の関係者、造船業の調査経験者など広範囲にインタビュー調査を試みた。そこから得られた平均的な展望は、内航船向け市場や世界市場における特殊船の分野で踏みとどまるものの、日本の造船業は世界シェアにおいてはさらに低下し続けるという「縮小」シナリオであった。

彼らのそうした展望の前提には、造船業の「再」活性化に不可欠な経営資源の配分が従来とは大きく異なってきたという共通認識があったといってよい。誤解を恐れずにより端的にいえば、経営者は金融機関からの資金支援が少ないと言い、研究開発者は優秀な学生が減少したと言い、技術者たちは若くて優秀で熱心な技術者や技能者が減少したと言う。

金融機関関係者は造船業の将来が描けないのに多額の設備資金などの融資はできないと言う。将来の日本の造船業の技術開発と効率的生産方法の鍵をにぎる若手技術者についても、個別に破格の賃金体系を組めば、優秀な技術者が造船企業に大挙してやってくるだろうか。

こうした議論の根本に、日本の造船関係者が造船業について明確な将来像とそこにいたるまでの経営戦略を描ききれていない現実がある。

日本の造船業史再考

日本の造船業を戦後について振り返ってみれば、敗戦の混乱がすこしおさまった昭和二二［一九四七］年から、物資輸送に不可欠な海運業と造船業の復興のために、政府が船会社に資金を低利で提供する計画造船政策によって需要喚起を行った。いわば準官公需の創出であって、第一次から第九次までで三六四隻が建造された。反面、造船疑獄(*)で象徴されたように融資割当をめぐって政官財の癒着問題が浮上した。

＊造船疑獄——計画造船政策における船会社の資金調達面での利子軽減措置であった「外航船建造利子補給法案」の制定をめぐる贈収賄事件であった。昭和二九［一九五四］年の東京地検特捜部の強制捜査で政治家四名が逮捕され、当時の自由党幹事長で後に首相となる佐藤栄作の逮捕をめぐって吉田政権を揺るがす事件となった。

むろん、そうしたマイナス面ばかりではなく、準官公需は造船業にとって安定的な市場を提供し、技術力などを高めたことは事実である。しかし、やがて世界市場を相手にする日本の造船業者にとって、自らの力で市場開拓力を高める方向に働いたかどうかは問われてよい。船舶という商品にはレジャーボートのような耐久消費財もあるが、一般には高額な耐久資本財であり、その需要は世界情勢に大きく影響される。しかも、受注してから完成までの期間は、同じ輸送機器である自動車などと比べ格段に長く、造船各社はその間の為替変動や鋼板価格の変動にともなうリスク管理に翻弄されてきた。必然、造船企業各社は計画造船による安定需要を求めた。それゆえ、脱造船についても、また国の準官公需といえる資源探査政策や航空宇宙政策に期待するところが大きいのである。そうした市場は民間企業だけによって創出することなどきわめて困難である。

他方、中堅造船企業や多くの中小造船企業にとっては、そうした国家プロジェクトよりは、造船の専門化という方向がより現実的であった。事実、燃料効率を高めるエコシップなどの船体設計への関心を高めた市場の動きに呼応しようという造船企業も多くなってきた。そうした船舶の需要は、燃料高騰などにともなう船主たちの切実なニーズであり、世界の海運業界の動向に大きく依拠している。海運需要が鉄鉱石、石油、食料などの価格と物量の変動に左右されるなかで、造船各社にとって為替リスクを抱えつつ自らの競争力に見合ったかたちでの市場開拓は決して容易なことではないのである。

さて、世界の工場化は中国の経済成長を加速させ、製鉄所や発電所の拡張と増設を短期間にもたらした結果、鉄鉱石などの製鋼原料などの価格が引き上げられ、また、輸送船舶の大型化が、資源関連会社に超大型鉱石船用船の発注を促した。同様に、コンテナ船、LPG船も大型化してきた。さらに、二〇一五年にはパナマ運河の拡張が予定されており、以前よりも大型船がパナマ運河を航行できるようになり、船舶の大型化を一層促すことが予想される。

こうした船舶の大型化は単に運搬船の大型化であるだけではなく、そうした船が着岸できるような港湾施設の大型化によって支えられる必要がある。したがって、短期間で中小型の運搬船の需要がただちに消滅するわけではない。また、将来的には、大型であっても運用コストが安い、いわゆるエコシップの開発が大きな国際競争力となることはまちがいがない。

海運業界についてみれば、中国やインドなどの鉄鋼会社、電力会社などが直接自前の船舶をもつべく海運会社を設立して、新造船を発注する動きも強まってきている。また、従来は海運に関係がなかったような投資会社も船舶を保有しはじめた。こうした海運業への他分野からの新規参入によって、運賃や用船料なども従来とは異なった変動を示し始めている。

中長期的にみて、わが国造船業は日本の海運業界の動向、さらにはそれを支える日本経済の推移に大きな影響を受けていくことになる。いうまでもなく、世界の物流は現在もまた将来も船舶による輸送に依存するであろう。世界経済に占める日本経済の比重の低下は、必然、日本海運業界による船舶輸送のシェア低下に連動しているのである。現在、日本海運業界において日本船籍による輸送量が低下を続ける反面、外国用船の比重は上昇し続けてきた。これは日本と諸外国間の輸送だけではなく、三国間輸送においても同様の傾向である。

各国別の建造量でみれば、二〇〇〇年代に入り、日本と韓国の地位が逆転して、韓国がほぼ一〇年間トップを占めてきた。その後、二〇〇〇年代後半から中国が急伸し、二〇一〇年の発注済み船舶建造量をみれば、中国が世界のトップへと躍り出た。その後の建造竣工予定からみれば、韓国と中国のつばぜり合いが続き、日本は第三位の地位にとどまっている。

こうしたなかで、鍵をにぎるのは日本のみならず世界の海運業界の更新需要と新規需要の動向である。現在、船齢二〇年以上の船が世界船腹量全体の二割程度を占めている。

今後は、一九七〇年代の建造ブーム時代に大量に建造された船舶がどの程度解体されていくのかが重要となる。とりわけ、こうした老朽船に依存している中国、南アジアのインド、パキスタン、バングラディシュの動きに着目しておく必要がある。そうした更新需要のなかで日本の造船業がどの程度のシェアを確保できるかは、発注船主の運用船舶へのコスト意識に依存している。それは大別して船価という固定費用、船員などの変動費用、船籍にかかわる税金など間接費用から構成される。

このうち、内航船舶は別として、外航船舶については、船員に一定数の日本人が必要とされていたが、二〇〇八年半ばから規制が緩和され、全員外国人船員による運航が認められるようになった。参考までに、国土交通省『船員統計』から外航船舶の日本人船員数の推移をみておくと、昭和五七［一九八二］年の場合、外航船七三一隻で三万二六七四人の日本人船員が乗船していた。二〇年後の平成一四［二〇〇四］年では、一四一隻で三八八〇人となっており、現在は、その数は三〇〇〇人を下回っているとみられている。

こうしたなかで、世界各国の船主が固定費用となる船価の引き下げを望むのは必至である。日本の海運業界に対してもまた世界の海運業者との競争のなかで(*)、安全で、環境負荷が小さく、効率性のよい船舶で、しかもコスト競争力のある船舶が求められている。日本の海運業と造船業界との結び付きもまた大きな岐路に立たされ、中国や韓国などの造船業界との関係も新たな時代に入っていくにちがいない。

＊日本の海運業の地域別貿易量をみると、全体の三〇%がアジア、太平洋州が二六%、中東が二二%、北米が八%、中南米が七%、欧州が五%、アフリカが二%となっている。工業原料の国別輸入先ではオーストラリアが大きな位置を占めている。世界船腹量にしめる日本商船隊の比重は、およそ一三%となっている。なお、わが国の世界全体の海運量に占めるシェアは、日本経済の低迷と相対的地盤低下によって、平成五［一九九三］年前後に九%を占めていたが、平成一五年［二〇〇三］年には七%、平成二〇［二〇〇八］年には六%を切り始めた。この比重低下は日本の世界経済に占めるGDPシェアの低下と軌を一にしているといってよい。(社) 日本海運集会所編『海運統計要覧（二〇一〇）』日本船主協会。

日本の造船所の現在の建造状況をみると、全体の七〇～八〇%ほどが日本の海運業界からの受注であり、一〇%ほどが欧州諸国からである。

欧州の主要船主国であるギリシアをみると、以前は韓国への発注が多かったが、いまは中国が拮抗している。ドイツ、ノルウェーでは中国への発注が韓国を上回るようになっている。いまのところ、中国造船業は自国船の建造が中心であるが、やがて韓国と同様に外国船主向けの比重を高めてくることは確実である。

他方、個々の日本の海運業者、とりわけ、大手海運業者や系列の造船企業をもたない中堅の海運業者の新造船発注の傾向をみると、液化天然ガス（LNG）を輸送するための特殊なタンクなど高度な技術を必要とした大型LNG船などの場合でも、二〇〇〇年前後から韓国の大手造船所への発注が多くなっている。

また、コンテナ輸送における各国海運業者の価格競争は、燃料価格が上昇するなかで一層し烈なものになり、コンテナ船の大型化が促進されてきている。欧州船主が最大一万八〇〇〇個のコンテナを積載できる超大型コンテナ船を韓国大手の造船所に発注するなど、韓国はコンテナ船の建造で圧倒的な競争力をつけてきている。

日本の造船所はバラ積み船に特化する傾向を強めてきたものの、日本船主が厳しいコスト競争のなかで日本の造船所に発注し続ける保証は必ずしもない。事実、日本船主は韓国や中国へ発注を行ってきている。これは競争力維持の点から、同一品質であればより安価な建造コストを求める経済原則が働いた結果であるといえる。大手海運業者の日本国内造船所への今後の新造船の発注動向が注目される。

さて、既述のように、造船の世界市場は二〇〇〇年代半ばまでは、中国、インド、ブラジルなどのいわゆる新興国の経済成長によって好況を呈してきた。他方、日本においても、国内金融市場での低金利政策や世界船舶市場での積極的なシェア拡大への意欲もあって、新造船ブームを享受できた。これは韓国や中国の造船業界でも同様であり、大型ドックの新規導入など生産設備の拡大の結果、価格競争は一層激しくなってきた。

この間の為替リスクと鋼材価格の高騰は、日本の造船業に対して設計、研究開発、製造などさまざまな面でのイノベーションを迫ってきた。大手造船企業は、大型船建造が困難となった工場の廃止と設備拡充が可能な国内他工場への統合を行う一方で、船体ブロックの内製工場を新設させたところもみられた。今後は、新造船のみならず修繕事業での海外展開、ディーゼルエンジンなどの海外ライセンス生産の拡大、企業間の造船事業の統合がさらに進展することが予想される。

他方、造船技術の応用分野の拡大ということでは、海洋汚染など環境問題の深刻化が新たな需要を生み出してきている。たとえば、従来は陸上に設置されてきた天然ガスの貯蔵基地をバージのように浮体式に設け、再積出しを海上で可能にさせるといった海上構造物である。こうした分野は安全性や環境への配慮があり、単に設計力だけではなく、日本が得意とする丁寧な製造手法の一層の応用が必要とされる高付加価値分野である。とはいえ、韓国の大手造船所もまた同じような戦略をとりつつ、コスト競争の厳しい船種については中国でのブロック建造、東南アジアでの造船、海外の資源開発会社への積極的な投資を行ってきている。

いずれにせよ、日本の造船業界は、船舶建造市場において一定のマスゾーン——もっとも需要の多い市場——を確保しつつ(*)、高付加価値船への絶えざる技術開発と建造技術の高度化という本筋が存在してはじめて、さまざまな新技術を積極的に応用できるのではないだろうか。この意味では、脱造船としての海洋構造物への転換ではなく、造船の中核技術をより深化させた上での取り組みという意識こそが、終局的にイノベーションを生み出すのではないだろうか。

＊世界の国別新造船腹量をみると、バルクキャリアや自動車運搬船では日本は一定シェアを確保しているものの、タンカーやコンテナ船、プロダクト・ケミカルタンカー、LPG・LNGタンカーなどでは韓国の造船所が大きな位置を占めるようになってきていることに注目しておいてよい。

ところで、海上構造物については大手や中手だけではなく、中小造船所もまたさまざま加工技術をもっており、単独あるいは複数の中小造船所がそれぞれの得意分野をもち、協力関係を通じて取り組むことができる。政府系だけではなく民間金融機関もそうした取り組みのチャンスを与えることが日本の造船産地に大きな刺激を与え活性化につながる。

国土は決して大きくはないが、海洋国家である日本のいわゆる排他的経済水域(*)の大きさは世界でも上位に位置する。将来において、海洋汚染を伴わない海上構造物と資源探査などの分野が、日本の造船業界の新たな需要分野となる可能性もある。もちろん、その研究開発には多額の資金と人材投入が必要であり、国家プロジェクトとして取り組むべきである。なおかつ、それは大手企業だけではなく、中堅企業や中小企業のそれぞれの強みを生かしつつ、造船クラスターとして取り組むべき課題でもある。

＊排他的経済水域――国連海洋条約に基づき当該国家の経済的主権が及ぶ水域である。これに基づき、各国は国連海洋法条約に依拠した国内法を制定し、自国沿岸から二〇〇海里（一海里＝一・八五二キロメートル）の範囲内において水産資源や海底鉱物資源などの探査と開発の権利が認められる。と同時に、資源管理と海洋汚濁防止の義務が課される。この排他的経済水域と領海を含む世界順位では、日本は米国、フランス、オーストラリア、ロシア、カナダに次いでいる。

そうした海洋構造物の将来像はともかくとして、いまのところ現実的な取り組みとしては、先に紹介した浮体式の石炭積み換え装置――トランスローダー――の開発や潮力発電装置の開発がある。廃船を利用し、エネルギー効率のよい発電装置を船底に設置して安定的な回転力を得て電力へと転換することが可能であるとされる。

イノベーション再考

日本の造船産地が個別企業の積極的な試み――イノベーション――を支援する仕組み――地域イノベーション・システム（RIS, Regional Innovation System）――をもっているかどうかはきわめて重要である。日本でもクラスターということばだけが闊歩してきた感があるが、イノベーションを促進できる地域的な総合力の有無あるいは度合いこそが、広島県をはじめとする日本の造船産地にとって現実的な課題である。そのような総合力をもったクラスターこそが従来の船舶の開発だけではなく、安全で環境にも優れた海上構造物を提供する能力を培うのである。そこから風力発電や潮力発電といった新たなエネルギー産業クラスターへ造船技術の可能性が広がるとすれば、重要であるのは各造船産地における造船技術の向上に関わる仕組みづくりであることは言を俟たない。

先に「国家的なイノベーション体制（NIS, National Innovation System）」あるいは、「地域的なイノベーション体制（RIS, Regional Innovation System）」についてふれた。その内実は多くの場合、イノベーションの促進を強く意識した「産学官連携」のことであって、とりわけ、研究開発体制が重視されてきた。そこで重要な鍵を握るのは産学における研究開発の協働関係であり、大学などの研究機関の研究者の資質、それを事業化する人材の資質がもっとも重要な要素であることは多くの研究が示唆するところである。

すなわち、造船業界と造船技術に関係する大学――大学院――の研究開発能力だけではなく、研究成果を具体的に事業化する能力の有無がより一層重要なのである。この点では、日本においても造船業界からの大学への働きかけもみられる。前章で愛媛大学の事例にふれたが、ほかにも広島県福山市の常石造船による寄付講座――マリタイムイノベーション寄付講座――が東京大学に平成一八［二〇〇六］年から三年間の期限で設けられた。その目的は「高度な海事情報通信サービスが急速に展開される中、船舶のライフサイクルに関連する研究テーマを選択し、海事産業（海運業、造船業、船用工業）における生涯価値（ライフサイクルバリュー）の創造実現に向けた方法論に関する研究と教育を推進」することとされる。具体的には船舶の高品質設計・計画手法に関する方法論の確立と教育、世界経済の今後の変動を考慮に入れた物流のあり方の研究などである。

ほかにも東京大学には、日本郵船と大手造船企業の三菱重工、ＩＨＩマリンユナイテッド、川崎造船、三井造船、ユニバーサル造船の「海運造船新技術戦略」が、平成一九［二〇〇七］年に「産学協同の海事研究拠点として、国内外の研究者や産業界の技術者も交えた研究開発などにも積極的に取り組み、日本の海事産業の競争力を支えていくこと」を目標として設けられた。

翌平成二〇［二〇〇八］年には、大阪府立大学に既述の今治造船が「次世代船舶技術講座」を設けている。同講座は、学生に工場見学やインターンシップの機会を提供するとともに、今治造船との共同研究を通して三つの目標を掲げる。すなわち、能力の高い学生の育成、船舶工学分野の有望な若手非常勤教員の招聘、次世代船舶の開発研究を通じた今治造船への貢献である。より具体的には次世代自動車運搬船、ハイブリッド型推進システム、新上部構造形状、新操船システム、新荷役システムなどの研究開発目標が掲げられている。

また、財団による寄付講座ということであれば、日本財団が同年に横浜国立大学に「統合的海洋管理プログラム」――大学院副専攻プログラム――を設けている。その特徴は、造船工学だけではなく、海洋行政のあり方や海洋法学など社会科学からの研究も重視した「文理融合」型の講座である。

こうしてみると、造船分野についてはここ五〜六年間のうちに、寄付講座というかたちで産学連携が進展してきた。こうした動きをどのように評価するかであるが、それには二つの尺度がある。一つは時間的な尺度であり、二つめは事業化、すなわち具体的な成果という尺度である。実際にはこの二つの尺度は重なる領域が大きい。そして、取り組みの成果を短期的にみるか中長期的にみるかで評価は大きく異なってくる。

短期的には、実際に韓国や中国などの造船業、あるいは欧州諸国の造船業に対抗しうるだけの価格競争力の向上に資する製造手法の確立、いわば価格競争力に関わる研究開発成果如何である。あるいは、船舶の運用コストの低減化に直接影響する、燃費向上に直結する船体の軽量化や効率的な船体の設計など非価格競争力の向上に関わる研究開発成果如何である。もちろん、非価格競争力向上に関わる取り組みは、中長期的に取り組むべき課題でもある。

中長期的には、将来の日本の造船業界のための優秀な研究開発人材を養成することもまた重要な課題である。そのためには、先に述べた寄付講座に適切かつ優秀な人材が配置されているかどうかが真摯に問われてよい。次世代の技術と製造を支えるに相応しい優秀な人材を確保するには、日本の造船企業がわが国の造船業に展望を抱き、それを次世代に示すことが重要である。

日本の大手造船企業が、世界で圧倒的な位置を占めた昭和四〇年代には、売上額全体をみても造船関連部門が圧倒的な比重を占めていた。だが、その後は低下の一途をたどり、大手造船企業の現在の売上構成比をみると、陸上部門や航空・宇宙部門がそのほとんどを占め、造船部門は全体の一〇%代にまで後退している。大手企業のなかには、国内造船所を再編して、造船部門から原子炉部門へと配置転換をして、原子炉などエネルギー部門の強化を打ち出したところもあるが、平成二三［二〇一一］年の福島第一原子力発電所の大事故をきっかけに、新たな対応が求められるようになってきている。

こうしたなかで、中長期的に、アジア市場の成長により順調な市場拡大が望める航空機分野へシフトを強める動きも見られてきた。航空機の場合、船舶などと比べて格段に部品数が多く、下請・外注関係にある中小企業にとってその波及効果はきわめて大きい。反面、航空機産業に特有な小ロット生産体制、受注から完成・引渡しまでの期間の長さ、安全性基準の高さ、米国連邦航空局や欧州安全局などの認証——型式証明——制度や製造工程の認証制度の厳しさといった課題があり、これに対応するには単に技術力だけではなく、大きな政治力と資金力が要求される。

実際のところ、航空機については自衛隊機などに実績をもつものの、民間の航空機部品、リージョナルジェットやビジネスジェットについてはこれから実績を地道に積み上げる必要がある。また、新型機の開発費用の回収期間はきわめて長い。さらに、航空機の受注活動は船舶よりはさらに細かい対応が必要とされ、他の航空機専門メーカーとの厳しい競合のなかで、世界的部品供給システムや修理などメンテナンス・システムの整備、安全性向上化への絶えざる投資などの負担も大きい。こうした経営課題の克服が求められている。

したがって、航空機部門の強化を図ることは必ずしも容易ではなく、短期的には脱造船の直接的な受皿にはなりえない。改めて脱造船という方向性そのものを見直す必要もある。その場合、まずは造船部門の収益構造の改善などが重要となってきている。

ところで、すでに何度かふれたように、造船大手企業のなかには造船部門を分離し他企業と合併させ関係会社とする動きがあった。たとえば、平成二〇［二〇〇八］年、わが国で古い歴史を有する日立造船が造船業から実質上、徹底した。平成一四〔二〇〇二〕年に日本鋼管――現在のＪＦＥエンジニアリング――との合併でユニバーサル造船を設立していた日立造船であるが、船舶用ディーゼルエンジン部門を残したものの、ＪＦＥホールディングに株式の過半を売却したのである。リクルート社の雑誌『Works（ワークス）』のインタビュー記事で、日立造船トップの古川実氏は小山智通編集長の問いに対してつぎのように答えている（同誌二〇一〇年一〇月号所収）。

小山氏　創業以来の基幹事業である造船業から撤退するというのは、きわめて苦渋に満ちた決断だったと推察します。

古川氏　これよりほか、生きる道がないというところまで追い込まれていた、というのが正直なところです。ご存知のように、日本の造船業が国産競争力を失い、構造不況に陥った時期があります。私たちの会社はそれへの対応が遅れていました。古いビジネスにしがみついていたのではだめだという認識は以前からありました。しかし事業構造を転換するためには、資金が不可欠。それを生むためには造船事業を売却するしか手はなかったのです。

　会社の寿命は三〇年という説がありますが、長い歴史を生き抜くためには、時代に応じて事業や製品構成の入れ替えは必至です。名前は昔のままでも、やっていることはがらりと変わるのは当たり前。ただ会社が潰れてしまえば、変化に対応することもできない。会社が存続し、やる気のある従業員さえ残れば、必ず会社は盛り返すという確信が私にはありました。

　構造改革を進めるうえ最重要の課題は、財務体質の改善でした。これまでの借金を返し、造船以外の事業でしっかり儲ける。これを徹底しました。幸いにも、二〇一〇年三月期に一二期ぶりの復配を達成することができました。

小山氏　造船業からの撤退を表明したときに、社員のなかにはかなりの動揺があったのでは。

古川氏　動揺なのか失望なのか、「この会社にはもう夢がない」と言う社員もいました。「これからの先の夢、ビジョンを示してくれ」と私に言うのです。しかし私は答えました。「社長に頼るな。お前さんの今晩の夢まで責任もてんわ（笑）」と。トップがビジョンを語るのは容易い。しかし、トップだけが旗を振っても、社員一人ひとりが夢をもち、行動を起こさない限り会社は変われないのです。……給与・ボーナスのカットという苦しい時期を乗り越えて、一人ひとりが事業再構築に取り組みました。……二〇〇九年度の売上が二七三五億円の企業ですが、二〇一六年度には五〇〇〇億円企業をめざすという目標を掲げました。

小山氏　これからの事業展開の中で最も重視しているものは何ですか。

古川氏　一つには精密機器があります。太陽電池や有機ELが今伸びていますが、さらに充実させるためには、人材補強が鍵になります。当社はもともとこの分野の技術者が少ない。今、人を採用しておかなければ、一〇年後はないとさえ考えます。

さらに海外事業比率を高めることも焦眉の課題ですね。ここでも同業に比べて一〇年は遅れている。海外事業もすぐに成果は出ないので、仕組みが重要。（中略）……「先憂後楽」の経営が私のモットーです。造船が不況になったとき、それでも何とか私たちが生き延びられたのは、先人たちが事業多角化の種を蒔いておいてくれたからです。そのことを肝に銘じたいと思います。

この結果、日立造船は、脱造船業の分野で、海水淡水化・飲料化プラント、脱硝システム機器、発電プラントや化学プラントなどのプラント事業、太陽電池製造機器、プラスチック成型機器、有機EL製造装置、充填・放送ライン・システム機器などの精密機械事業、ごみ焼却、水処理、バイオマス利用などの環境事業、シールド掘進機器、建設機器、水門、海洋土木などのインフラ事業、各種プロセス機器、プレス機械、原子力関連機器、船舶用甲板機器、ボイラーなどの機器事業などの事業を強化してきている。ただ、こうした大手企業の脱造船や造船事業の再編の動きのなかで、かつて、そうした大手企業の造船技術者であったいわゆる団塊世代の人物から、造船大手のネームバリューが消え、優秀な学生が入社してこないことを危惧する声を何度も聞いたことがある。

より本質的で重要な問題は、日本の造船企業あるいは造船部門のトップが、世界市場のなかでどれほどの自社シェアを維持することを意図し、そのための高い技術と高いコストパフォーマンス製造——海外との分業関係も含め——をどのように戦略的に構築するかである。この意味では、日本の新造船業像は、多角化を進めてきたかつての大手造船企業よりは、中手など造船専業企業の経営戦略の行方にかかっているのではあるまいか。それは日本の造船業で圧倒的な比重をしめる広島県や愛媛県など瀬戸内海沿岸の地域経済の活性化にとって、非常に重要な課題であることはいうまでもない。

造船業論と政策課題

本書の随所で指摘したように、日本に限らず世界各国の造船業は、その時代の世界経済に連動した船腹需要によって大きな影響を受けてきた。ここ十数年来をとっても、船腹過剰で再編を迫られた時期もあれば、二〇〇三年から二〇〇八年までのように新造船受注が急増した時期もあった。その後、リーマンショックによって、世界各国の造船あるいは造船関連産業は大きな影響を被った。こうした時期に、日本でも造船業の問題点などが整理され、そのための政策課題が提示され、政府はあるべき将来像を報告書というかたちで示してきた。たとえば、リーマンショック後の日本の造船業の今後の方向性については、国土省交通省海事局下にある新造船政策検討会(*)が、平成二三[二〇一一]年七月に『総合的な新造船政策—一流の造船国でありつづけるために—』を発表している。

＊新造船政策検討会の委員は、座長が柘植綾夫（芝浦工業大学学長）、学識経験者として大橋弘（東京大学経済学研究科準教授）、高木健（東京大学新領域創成科学研究科教授）、造船・船用業界からは川崎重工業、三井造船、ナカシマプロペラ、名村造船、三菱重工、今治造船、ユニバーサル造船の関係者、海運・商社からは川崎汽船、商船三井、日本郵船、三菱商事、三井物産の関係者、金融・ファンドからは日本政策投資銀行、三井住友銀行、三菱東京ＵＦＪ、国際協力銀行、みずほコーポレート銀行、アンカー・シップ・インベストメントの関係者が委員となっていた。

同報告書は、日本の造船業界を「一三万人を数え、いわゆる空洞化に負けることなく、我が国製造業の従業者数が減少する中にあって雇用を増やしている。また、裾野が広い産業であり、多数の関連事業者が集積し、地域の雇用と経済を支える」と位置づける。

たしかに、平成二〇[二〇〇八]年ごろから造船受注の増加によって、各造船所が雇用を増やしたのは事実である。だが、昭和五〇年代初めのピーク時からすれば、雇用数は半数以下であり、とりわけ、いわゆる本工が激減し、多くの造船所は協力工の増減で対応してきている実態があり、造船技術の低下を危惧する声も強い。

造船業界の現状について、同報告書は「造船市場の供給過剰の状況にあって、さらに数年前に比べての円高、ウォン高騰により、我が国造船産業の受注環境が悪化している」としたうえで、二〇〇六～九年で造船能力を約三倍に拡大させた中国の造船業界と、同期間で一・五倍となった韓国造船業界の状況をつぎのように整理している。

中国――「二大国営造船所を中心に、急速に競争力をつけており、また、巨大造船所を多数建設している。……中国は、『国貨国輪国造』政策の下、自国船舶の自国造船所での建造を進めるだけでなく、『船舶産業基金』を創設して外国船主が中国造船所に発注するための資金融通を行うなど、海外からの受注獲得支援にも積極的である。」

韓国――「韓国の大手造船所は、生産規模と技術力ともに世界トップクラスであり、海洋構造物やＬＮＧ船などの付加価値の高い船と、タンカーやバラ積みなど大量に建造される船の両方を建造している。また、リーマンショック後に経営不振に陥った新興造船所を二〇〇九年に処理するとともに、船舶投資ファンド(＊)を創設して既発注船舶の建造を維持し、造船業の基盤強化を図っている。」

＊韓国船舶投資ファンド――韓国の海運会社は船舶建造資金を海外で資金調達していたこともあり、一九九七年の通貨危機などで大きな影響を被った。このため、韓国政府は自国の海運会社の国内での資金調達を容易にするため、二〇〇二年に「船舶投資会社法」を成立させ、税制上の優遇措置を受けることのできる船舶投資会社の設立を促した。船舶投資会社は船舶購入、リース、資金借り入れの他に、株式・社債の発行、購入船舶の管理に関して船舶運用会社に委託することになっている。二〇一二年初頭で、船舶投資会社は一二二社ほど設立されている。『日本海事新聞』(二〇一二年二月二七日付)。

要するに、日本の造船業界は世界シェアで第三位の地位をなんとか保持しているものの、付加価値の低い船舶については中国の台頭、日本が得意としてきたＬＮＧ船など高付加価値分野については韓国の急迫を受けているというのである。

では、日本の造船業の今後の方向はどうあるべきか。わたしなりに同報告書の指摘を整理しておくと、①環境技術への適応、②高い技術力の保持とイノベーションの必要性、③海事クラスターの活用と基盤強化、④規模の拡大によって規模の経済を生かすような造船企業の連携・統合の必要性、⑤質の劣る生産設備の整理・淘汰と設備投資の必要性、⑥新市場・新事業の開拓、などとなる。

これらの「処方箋」は繊維産業の不況対策から始まったわが国の産業政策の定番メニュー――いわゆる「構造改善」――であるが、繊維産業に関していえば、残念ながら大きな成果を上げてきたとは言い難い。天然ガス燃料船の開発をも含む、①や②は個別企業においての当たり前の対応策である。また、③、④、⑤は相互関連性をもつ。日本には中小規模の造船所も多く、共同開発、共同設備、共同受注などは従来からその必要性が主張されてきたものの、進展しなかったのは、市場で競合関係にある経営者のオーナーシップ感覚の強さにあった。にもかかわらず、報告書は、「産業活力再生法」(*)――「産業活力の再生及び産業活動の革新に関する特別措置法」――を積極的に活用して、「メガコンテナ船など一契約で短期間に大量の船舶を建造する案件に対し、一社当たりの生産規模が小さいために受注競争に参加できないおそれがあることから、設備投資による造船施設の大型化及び事業統合による生産規模の拡大」を目指して、共同受注・共同生産を前提とする業務提携や事業の統合・再編を視野に入れ、中小規模の造船所の統合を積極的に推し進めることを説いている。また、それが困難であれば、その前段階として共同の技術開発会社、技術・ライセンスの買収・保有会社の共同設立なども説かれる。

＊「産業活力の再生及び産業活動の革新に関する特別措置法」――平成一一［一九九九］年に三年間の臨時立法として制定。

同法は「我が国の産業・企業の前向きな取組を支援するため措置された」制度とされる。内容は、①事業者が事業計画を作成し、国の認定を受けることにより、税制、金融、会社法の特例等のメリットを受けることができる、②（株）産業革新機構、事業再生ADR、中小企業再生支援協議会、特定通常実施権登録に関する体制である。二度にわたり延長されてきた。特別措置として事業者の実施する事業再構築、共同事業再編のための円滑措置、その後の研究開発活動の活性化へ助成が行われてきた。

わたし自身は、そのような事業統合や連携は、弱者連合であれば経済効果は実際にはそう大きいものではなく、むしろ、それぞれの造船企業がしっかりと国際競争力を保持できた段階で実施すべきであったと考える。事業統合が困難であったのは、先にのべた要因が大きな障害となっているわけで、たとえ、このような方向が可能であったとしても、統合された事業体が競争力を強化できるかどうかは疑問ではないだろうか。それゆえに、あるいはその結果として、地域内の共同・協働関係は、海事クラスターという形で、単に造船所だけではなく、海運会社、大学などの研究機関とも連携する産官学連携が必要である。とりわけ、イノベーションの必要性が強調され、「新技術の実用化・普及への展開をスピード感をもって実現するには、企業連携の実質化による開発リソースの集約が必要であり、前述の開発会社の設立等共同開発のためのプラットフォームの整備」が必要ともされる。しかしながら、そのような枠組みにはそれなりの時間を要するのである。

⑥の新市場・新事業について、報告書は海外販路の積極的開発を挙げ、「インド、インドネシア、トルコ、ブラジル、ベトナム、といった新興国・途上国に対して、官民を上げて密度の濃い持続的な接触・輸出促進を行う……官民合同のチームをつくって持続的な販路開拓を行う……国際協力銀行の融資や国際協力機構の政府開発援助（ODA）を積極的に活用する……先進国への船舶輸出に対して国際協力銀行の融資が可能と

なることを活用し、クルーズ旅客船、海洋施設のサポート船やアンカー敷設船、洋上風力発電設備の設置船など付加価値の高い船舶の積極的な販路開拓を」行うことを説いている。同じような対応策は韓国の造船業界もとっており、日本も国際競争力の強化をまずは図るしかない。

他方、新事業に関して、報告書は、海底石油資源開発に必要な海洋施設(*)の受注を強調しているが、この分野は海底資源の確保をめぐるきわめて外交的かつ政治的な分野である。単に造船業界の技術力の強化で済まされる問題ではなく、日本政府の海底資源政策に大きく依存せざるをえない。

＊たとえば、韓国のサムスン重工業などが力を入れている洋上ガス生産処理設備、液化天然ガス用の洋上浮体貯蔵・積出し装置やドリル船、大宇造船の半潜水型海洋掘削装置などであり、わが国の三菱重工あたりも力を入れている。

なお、先述の海事クラスターについて、同報告書は「我が国は海運、造船、船用工業とともに世界トップクラスの規模と能力を有しており、互いに強く結びついている」と述べたうえで、つぎのようにその現状と課題を指摘する。

「我が国商船隊の約九割（隻数ベース）は、日本の造船所から調達しており、逆に、我が国建造船の七五％（金額ベース）は日本船向けである。また、船用製品の九五％（金額ベース）は国内から調達している。海運企業を日本船主の商船隊が支え、日本船主を我が国造船業が支え、この造船業を船用工業が支える産業構造――「海事クラスター」――となっている。

我が国海運企業は、早くからグローバル化し、日本発着物流のみならず、三国間においても安定的かつ効率的な海上物流を提供しており、これを支えているのが海事クラスターである。逆に、日本海運の業容の拡大が、造船・船用工業の規模の維持と質的成長に大きく貢献しており、海事クラスターを維持・強化することは死活的に重要である。」

だが、ここでいうクラスターという概念はきわめてあいまいである。従来の海運・造船業界を単に海事クラスターという言葉に置き換えたわけではないが、「我が国商船隊の約九割（隻数ベース）は、日本の造船所から調達しており、逆に、我が国建造船の七五％（金額ベース）は日本船向けである。また、船用製品の九五％（金額ベース）は国内から調達している」という需要動向が今後どのように変化するのかが、日本の造船業の将来を左右することになる点に十二分に留意しておいてよい。とりわけ、大型石油タンカーについては、その用船期間がますます短縮化してきている現状では、日本の海運業者といえども日本の造船所への発注にこだわらなくなってきているともいわれている。

一般に海運には内航、近航、外航の三つの領域がある。国内輸送についてみれば、平成二〔一九九〇〕年頃より自動車が首位を占めるようになったものの、船舶が長距離・大量輸送の重要な一環を形成していることに変わりない。とりわけ、石灰石、石油製品、鉄鋼、セメント、砂利・砂・石材、化学薬品、肥料、石炭、自動車の九品目では、輸送距離・輸送トン数ともに全体の九〇％以上を占めている。

内航船舶の種類についてみると、隻数でもっとも多いのは貨物輸送船、ついで油送船、土・砂利・石材専用船、特殊タンク船、セメント専用船、自動車専用船の順となっている。船型では、自動車専用船では五〇〇〇総トン近い船舶もあるが、ほとんどが四九九総トン以下である。内航船をメインとする造船所は、四九九総トン以下の船舶の更新需要や新規需要に左右されることになる。隻数からいえば、一四年以上のいわゆる老齢船が全体の七〇％以上、総トン数で半分以上を占めている。

内航船舶の事業者——運送事業者と貸渡事業者の合計——は、登録事業者数で昭和四二〔一九六七〕年度末で一万を超えていたが、その後、平成になってから急減し始め、平成二三〔二〇一一〕年度末で二三〇一となっている。登録事業者のほとんどは個人および小規模事業者である。いわゆる一隻事業者が全体の四割近くを占め、五隻以上をもつ事業者は全体の三割ほどである。

こうした船が更新期になり、船主が発注してくれるかどうかが内航船舶に特化した造船所の命運を握っている。内航船の新造隻数についてみれば、ピーク時は平成五〔一九九三〕年で年間三二五隻であった。この後、新造需要は漸減し、平成一一〔一九九九〕年にはわずか二六隻にまで落ち込んだが、平成二二〔二〇一〇〕年には五九隻となっている。新造隻数の減少は、輸送量や輸送運賃の動向によって、船主などが積極的な新造投資を行わなかったことに起因した。建造資金の調達難、個人事業者における後継者問題の深刻化で、老齢船を整備して使い続けるようになっていた。

これに呼応したように、内航船舶を手掛ける造船所は、平成五〔一九九三〕年には九二ヵ所であったのが、平成一五〔二〇〇三〕年には一九ヵ所にまで減少し、現在は三八ヵ所前後である。こうしたなかで、内航業者と内航造船業者双方の振興をはかるために、船舶管理会社を核としてグループ化を行う事業者に対して、共有建造制度——実質上の政府の助成——や税制面の優遇措置といった対応策が行われている。だが、輸送運賃の安定など民間企業間の取引の適正化をまず先行させるべきであり、そうした問題が解決されない限り本格的な新造船需要が起こるとは考えにくい。

日本内航海運組合連合会は平成二〇〔二〇〇八〕年七月に『内航船舶建造に関する実態調査中間報告』を発表している。同報告書は今後五年間の内航船舶建造の見通しについて「現状は、建造意欲がありながら運賃・用船料市況、建造船価の高騰、ファイナンスの難しさ、船員不足問題等、新規建造（代替建造）への阻害要因が多いことから当面の新規建造については、模様を眺め、当面は出来るだけ船舶を延命させる方向が大勢」と指摘した。その後の状況はおおむね指摘通りに推移してきている。

問題は、新規建造需要が低迷することによって、内航造船所数がさらに減少し、その結果、建造船価が高騰し、それがさらに新規建造需要を押し下げる悪循環を招きはしないかである。この点について、報告書もクランクシャフトの主機メーカーへのヒアリングや内航造船所へのアンケート調査を踏まえて、「国内造船所の建造能力は、当面造船技術者の労働力不足等の問題があることから、大幅な建造能力の増強は難しい」と予想している。

そうなれば、内航船の建造を中国や韓国など外国造船所に発注する動きが出てくる可能性もある。この点について報告書は、「技術・納期上の問題から、海外での建造は一切考えない」という過半数の意見を紹介しているものの、中国やベトナムなどの建造を将来的には検討せざるをえないという意見もある。ただし、海外で内航船を建造した実績はいまのところきわめて少数にとどまってはいる。

もちろん、船種によって、内航海運業者の意見は異なる。日本で小型タンカーを建造する造船企業が少数となった現状があるものの、報告書はタンカー業三社の海外建造は困難であるという意見を紹介している。

「需給関係からも船価が上がり建造が進まない状況となったが、船価が下がればまた代替建造も増えるだろうが、内航用の小型タンカーを建造する造船所は、全国で実質七社でしかない。韓国、中国は、大型タンカーを建造するが小型タンカーを建造できない。ベトナムの造船所は、タンカーを建造する意欲はあるが塗装技術が悪く、現時点ではデリケートなタンカーの建造を発注する気にはなれない(*)。」

こうした課題をもつ内航海運ではあるが、二酸化炭素削減にともなうモーダルシフトの追い風もあり、これからも重要な輸送手段でありつづけることは間違いない。造船建造需要は変動しつつも、一定限度の建造需要が今後も続くであろう。そうしたなかで、外航船を手掛ける中手造船所のように、ある程度の標準船型を設計し、各造船所が生産効率を引き上げつつ、ある程度の隻数をこなして建造船価の削減を図る経営努力が必要である。

＊モーダルシフト――貨物や旅客などの輸送方法・手段の転換を意味する。たとえば、自動車や航空機による輸送から大量に運べる鉄道や船舶による輸送への代替によって、交通渋滞、交通事故の削減、排気ガスによる大気汚染などの削減、二酸化炭素排出削減による地球温暖化防止の効果が得られるとされる。とりわけ、鉄道や船舶による輸送は単位輸送量当たりの必要人員数が少ないことが特徴でもある。

作業員の高齢化で技術・技能の継承に苦慮している内航造船業にとって、工業高校の機械科や大学の造船科卒業生を引きつける労働条件の改善などは効率的な産業環境の整備以上に、早急な解決を迫られている課題である。また、現在は研修制度という名目で外国人作業者の受け入れが行われているが、今後、外国人作業員の大幅な採用は、内航海運における外国人船員、あるいは外国船籍船といった「カボタージュ」制度(＊)の緩和問題とともに避けて通ることのできない課題となりつつある。

＊カボタージュ制度――沿岸輸送における自国船員の雇用優先制度である。米国、韓国、中国、インドなどのアジア諸国、ドイツ、フランス、イタリアなどの欧州諸国、ブラジル、アルゼンチンなどの中南米諸国の自国海岸線を有するほとんどの国で実施されている。わが国では船舶法第三条で、「法律若しくは条約に別段の定めがあるとき、外国籍船舶は海難若しくは捕獲を避けようとするとき又は国土交通大臣の特許を得たとき以外は、日本国内の港間における貨物又は旅客の沿岸輸送を行うことが出来ない」と定めている。

他方、近航と外航の海運については、アジア経済の興隆が大きな影響を及ぼしてきた。日本とアジア、アジア諸国間、アジアと海外諸国との貿易の拡大を反映して、世界の海運輸送量はここ十年来急成長を遂げてきている。こうしたなかで、欧米諸国では、合併・連携でデンマークやスイスの海運会社が、コンテナ輸送では世界シェアで一〇%以上を確保するところも出てきており、台湾、中国、韓国の海運会社も力をつけてきている。現在、日本の大手海運企業三社――日本郵船、商船三井、川崎汽船――はコンテナ輸送では世界のおおよそ一〇%を占めている。

日本の近航・外航の海運会社が世界のコスト競争に打ち勝つには、日本経済が世界経済のなかで一定の位置を占め、アジア、世界各国との活発な貿易が行われる必要がある。と同時に、日本の海運会社が第三国間の輸送においても、国際競争力を維持する必要がある。そのためには、より安価で安全な船舶建造が必要であり、日本の造船業はそれに応えることができるかどうかが問われている。

また、造船関連業ということで、船用機器業界の今後についてふれれば、自国の造船業の建造量の減少によって、輸出企業としての存立を強めた北欧やドイツの船用機器企業のように、日本の船用機器企業が韓国や中国の造船業界と関係を強めることができるのかどうか。欧州においては、造船産地の縮小が国内造船業と結びつきの強かった中小企業を、小さくても世界的企業へと成長させていった。こうした企業は、小さくても研究開発機能をもち、その時々の海運業界や造船業界が要求する技術的課題に果敢に挑戦してきたのである。そこに日本の船用機器企業の今後の取り組むべき課題がある。

あとがき

本書を書くに至った個人的経緯についてすこしばかりふれておく。

二〇一〇年の晩夏に、産学連携をすすめる関係者へのインタビューのためにフィンランドの西部、ボスニア湾に面する工業都市ヴァーサを訪れた。人口六万人ほどのこの都市には、その規模とは不釣り合いなほどにしっかりと製造業が根を下ろし、世界市場を相手に勝負している企業群がある。

ヴァーサ市内にある大学近接のサイエンスパークから車で一五分ほどのヴァーサ空港のすぐ隣にもサイエンスパークがある。その周辺には船用ディーゼルエンジンやディーゼルエンジン発電機で著名な企業のほかに、電力関連機器で著名なスイスの多国籍企業の工場があって、これらの企業で働いていた技術者などが独立創業した企業が、この二つの大企業を取り囲むようにして立地している。

いまの日本には大企業からスピンオフして独立創業し、最終製品や研究開発に取り組んでいる企業は真に少ない。こうした事実を確認できる公の統計が存在しているわけではないが、欧米諸国のハイテク企業を十年以上にわたって調査してきて、わたしはそのように強く感じてきた。

むろん、中小企業や町工場からかつて独立した下請・外注型の企業は日本にも多い。だが、そのような存立形態をもつ企業群と比べて明らかに事業上のリスクが高く、かつて働いていた企業と対等取引を行うという気概のある技術開発系あるいはハイテク系の企業は少ない。このことが、私たちの経済社会の元気のなさを象徴しているようにも思える。

企業という経済主体は、創業者の起業という行為があって成立するものである。いまはどんなに巨大化し多国籍化した企業――学卒後すぐに創業という事例もあることはあるが――であっても、企業とはだれかがいずれかの組織からスピンオフして起業した結果なのである。産業集積を構成する企業群もまた、そうしたスピンオフ行為の集積結果である。

わたしは、かつて独立というスピンオフ行為によって起業した経営者たちの生の声を聞きたくなった。そうした起業から企業という経過について、創業者であり経営者となった人たちの生の声を聞き、それらを基に地域産業史を中小企業経営者史という視点から書きたくなった。

さらに、もうひとつ、わたしには本書執筆の理由があった。やや私事にわたる。

わたしの親戚筋は、広島県で造船業やその関連事業をやってきた。そうした人たちから、戦後の歩みを断片的に聞いたことはあったが、まとまった話を聞かないうちに亡くなった方もいる。しかし、いまも造船業の第一線で忙しい日々を送っている方もおられる。そうした周囲の状況から、わたしは、戦後の瀬戸内地域、とりわけ広島県造船業を個人的経営史として記録し、かつ、そこから全体像を描けないかと自問しつつ、本書に取り組むことになった。

わたし自身が、造船の街・神戸に生まれ育ったこともあり、造船業はわたしにとってもっとも身近な製造業であった。小学校の頃は、造船所周辺がわたしの遊び場所であり、船台で船が造られていく様子などはわざわざ工場見学など行かなくても、ごくありふれた毎日の日常風景であった。わたしのまわりには造船所で働く父親をもつ同級生もいたし、造船所の下請工場――切削加工――を経営する父親をもった同級生もいた。

しかし、造船業の調査ということでは、大阪府に勤務していたときに有力な造船企業の調査を行って以来であった。いまから三〇年以上前のことである。当時の造船不況に苦しむ造船所の調査を通じて、その下請・外注構造や構内下請という造船業ならではの労働形態を知ることになった。また、いまではよく知られる三K――きつい、汚ない、危険――という言葉を知ったのもその頃である。

当時の造船不況は、大阪府下にあった戦前来の造船所の縮小と地方への再配置を促すことになった。こうした動きは、構内下請業者だけではなく、ボイラーや部品の下請工場にも大きな影響を及ぼし、他業種への転換を迫ったが、実際は、大阪というさまざまな産業が立地している地域といえども、そうした転換は必ずしも容易ではなかったのである。

今回三〇年ぶりに広島県を中心として造船所を再び訪れ、関係者などの話に耳を傾けたが、本書の執筆中に神戸で、自衛隊艦船部門などを除き、商船建造の有力造船所の一つがまた消えることになった。また、地元の中小造船所も行き詰まった。わたしは、わが国の造船産業の将来像をどのように描くことができるのかを自答自問するなかで、産業の歴史的蓄積のもつ転換力はいったいどのようなものであろうかと考えざるを得なかった。

ところで、山口県周防大島出身の民俗学者の宮本常一（一九〇七～八一）は、まだ敗戦の傷跡が残る昭和二五［一九五〇］年の師走に、本書で取り上げた広島県瀬戸田町（生口島）、因島、大崎上島などを訪れて、その記録を残している。宮本の関心はこうした地域の農漁村の暮らしぶりにあり、造船業などにはふれていない。ただし、古来の造船産地であった倉橋島から呉を通過して、広島へと出て故郷へ向かった「一二月二八日（木）」の調査日誌欄につぎのような記述を残している。

「夜半に酔漢がさわいでねむれない。早く目をさまして寝床の中で手紙を書く。それより渡船でケゴヤ

（呉市警固屋町―引用者注）にわたり、呉行のバスにのる。海軍工廠の中をバスはゆく。呉の町はさびれて活気がない。呉から広島まで国営バスにのる。……」

敗戦とともに、日本の造船業の発展に大きな役割を果たした呉海軍工廠は米軍の撤収をうけその運命が大きく変わった。敗戦後五年経ったころに訪れた宮本はそんな呉の町を「さびれて活気がない」と記録した。だが、朝鮮特需による船舶修理や船舶需要の拡大によって、呉海軍工廠を引き継いだＮＢＣや工廠からスピンオフした町工場などが活気を帯び始める。その後、広島の造船業は拡張と縮小を繰り返しながら、現在に至っている。本書ではそうした広島などの造船業を描いてみた。

わたしも宮本常一と同じように呉市を何度も訪れ、旧海軍工廠やＩＨＩ呉事業所などを見ながら、市内を歩いてみた。一見、呉市は当時とは比べようもないほどに復興したようにみえる。だが、宮本が「呉の町はさびれて活気がない」と描いたように、現在の呉市もわたしには活気がないように思えた。そこにあるのは、なにか潤いを感じさせない街並みなのである。新しい産業への息吹は、なにか潤いを感じさせる街並みをもつ地域からしか生まれないのではないか。こうした問題への取り組みは本書の範囲をはるかに超える。機会があれば、論じてみたいテーマである。

本書の執筆中に他大学院での講義を引き受けることになった。内容については「名古屋の経営風土」との関係で中小企業経営のあり方を論じてほしい――結局、この話が立ち消えとなったが――という申し出であった。企業の経営をその地域の風土に関連して考察するという視点は、わたしのなかの暗黙知としてはあっても、それを明示化して論じるという発想は全くなかった。しかしながら、わたしが一六年間ほど携わった大阪地域の中小企業の経営実態調査で、経営者相手に経営のあり方などを話し合っていると、なんとなく「これは大阪的な考え方で、同じ関西といっても京都や神戸の中小企業経営者たちとはやはり異なるのか……」と思うことも多々あった。今回も主要造船所をもつ福山市、尾道市、呉市などを訪れ、関係者から「同じ広島といっても地域によって経営者の考え方なども異なり……」とよく聞いた。やはり、それぞれの地域に微妙に異なる経営風土があるのかもしれない。

また、生まれ育った地域への愛着や地場産業を支えるある種の高貴な義務感のようなものを感じさせる経営者たちも多い。作家の高杉良は『小説・会社再建』で、愛媛県今治市の来島どっくのオーナー経営者であった坪内寿夫（一九一四〜九九）をそのような経営者として描いている。坪内が、経営危機に瀕した佐世保重工の救済に乗り出したのは、地域を支える産業が衰退することがその地域にいかにマイナス効果を及ぼすかを知悉していた故であったことを、高杉は、綿密な取材に基づいて実名小説として描いている。

坪内は、愛媛県松前町の芝居小屋の息子として生まれ、満州へ渡り、南満州鉄道で職を得たものの召集され、ソ連軍の捕虜となり、三年半の厳しいシベリア抑留生活を経て帰国し、映画館事業から昭和二八［一九五三］年に来島船渠——来島どっく——の経営に携わることになった。高杉は、いわば素人同然に造船業経営に乗り出した坪内に、その経験をつぎのように語らせている。

「昭和二十八年に来島船渠を引き受けたとき、わしはみんなと同じことをやっていたのではいかんと思いました。船というのは一船一船注文を取って設計し、建造するオーダーメードが常識じゃった。コストも高くつくし、日数もかかる。……わしは既製服のやりかたを採り入れたんです。つまり標準船じゃが、これなら設計も一度で済むし、部品も同じだからコストダウンができると考えたわけです。もう一つは船の割賦販売です。一杯船主にとって全額支払いは大変じゃが、大型船にして実入りを多くすれば、月々の支払いも可能じゃと考えたんじゃ。……銀行のお世話にならないかんのじゃが、割賦販売を銀行がなかなかわかってくれよらんのです。銀行に日参して説得した結果、個人保証して商工中央金庫、中小企業金融公庫、伊豫銀行からそれぞれ一五パーセント、海上保険と船主の頭金が各五パーセント、そして残りの四五パーセントを来島が船主に融資することにして、返済期間六年の割賦販売をスタートしたのは三十一年じゃった。」

いまでは当たり前となったこうした生産販売体制も当時としてはイノベーションであって、他分野からの参入者であり、陳腐化した業界常識からは無縁であった坪内だからこそ実行しえたともいえよう。その後も、坪内たちはさまざまな合理化への飽くなき挑戦を続けていくことになる。こうしたイノベーションへの取り組みには、技術力や資金力の前に経営者の人となりが大きく働いているのではないだろうか。経営者の人間性はその生まれ育った地域への愛着に支えられ、既述のように、他地域への理解にもつながる可能性があることを示唆している。

本書で取り上げた広島県などにも、それなりの経営風土が存在し、中小企業の経営者の人となりを反映した個別経営のあり方に微妙に影響をあたえているかもしれない。「かもしれない」といっているのは、それが財務上の数量的指標に明確に表れ、実証しうるとは考えられないからである。いずれにせよ、本書を書きあげて、このようなことがわたしには今後の課題として残った。

地域産業としての造船業の現状と今後の方向については、二〇一一年度の中京大学大学院ビジネスイノベーション研究科のわたしのクラスで取り上げた。社会人ビジネススクールの院生たちはクラスのなかで、いろいろな造船所を取り上げ、分析し、その経営課題を探り、積極的に討議に参加してくれた。いずれの院生も造船業に日本の製造業の今後のモノづくりのあり方などを重ねていたことであろう。財務戦略や市場戦略などわたしの手に余る課題については、同僚の加藤靖慶教授にも出席を願い、ずいぶんと助けてもらった。院生たちや加藤教授にもお礼を申し上げたい。

造船業の歴史、現状、技術、地域的特徴、そして世界を取り巻く造船市場の動向などについては、株式会社寺岡グループの創業者寺岡久弥氏の体験、その継承者の寺岡功氏の体験などから「生きた」智恵や知識として教えていただいた。日本の造船業を地域、産業、企業という総合的な面からとらえようとした本書に隠し味があるとすれば、このような貴重な体験談によるものであろう。

日本の内航海運業などについては、東海タンカー株式会社の仲野光洋氏にご教示いただいた。お礼を申し上げたい。造船業の技術などについては、愛媛大学大学院理工学研究科生産環境工学専攻・船舶工学特別コースの土岐直二教授に初歩の初歩から手ほどきしていただいた。こころから感謝申し上げたい。

寺岡　寛

二〇一二年六月

参考文献

【あ行】

池田勝『改訂・船体各部名称図』海文堂、一九七九年

池田宗雄（坂井保也監修）『全訂・船舶知識のABC』成山堂書店、二〇〇二年

石倉洋子・藤田昌久・前田昇・金井一頼・山崎朗『日本の産業クラスター戦略―地域における競争優位の確立―』有斐閣、二〇〇三年

板倉勝高・井出策夫・竹内敦彦『大都市零細工業の構造―地域産業集団の理論―』新評論、一九七三年

伊藤維年『テクノポリスの研究』日本評論社、一九九八年

ウォード、キングスレイ（城山三郎訳）『ビジネスマンの父より息子への三〇通の手紙』新潮社、一九九四年

梅村又次他編『長期経済統計―地域経済統計―』東洋経済新報社、一九八三年

大阪府立商工経済研究所『造船不況下における大阪府造船工業の動向と構内下請の経営実態』一九七八年

落合功『戦後、中手造船業の展開過程―内海造船株式会社を例として―』広島修道大学総合研究所、二〇〇二年

【か行】

甲斐中明『講演録・日韓中造船業界の動向と今後の需給見通し』（社）日本船用工業会、二〇〇九年

金井一頼・角田隆太郎編『ベンチャー企業経営論』有斐閣、二〇〇二年

ガブロン、ロバート他（忽邦憲治他訳）『起業家社会―イギリスの新規開業支援策に学ぶ―』同友館、二〇〇〇年

関西造船協会編集委員会編『船―引合から解船まで―』海文堂、二〇〇七年

岸田裕之編『広島県の歴史』山川出版社、一九九九年

北澤康男『中小企業成長論の研究』世界思想社、一九七五年

木村隆俊『一九二〇年代日本の産業分析』日本経済評論社、一九九五年
九州経済調査協会・機械工業振興協会『九州機械工業の系列実態調査』一九六〇年
九州経済調査協会「月例経済報告第五四号・造船下請工業の諸問題」一九五五年
同『九州経済の二〇年―創立二〇周年記念―』一九六六年
同「大型投資と中小造船業の展開方向―九州・山口地区造船業の実態―」一九七二年
同『九州経済白書―新しい国際環境と九州経済―』一九七二年
同『地域における中堅企業の成長類型―九州・山口地区三〇社の事例研究―』一九七五年
同『九州経済白書―中小企業と地域経済―』一九七五年
同『九州産業読本』西日本新聞社、二〇〇七年
同『九州産業読本（改訂版）』西日本新聞社、二〇一〇年
同『九州・山口のドラマティック企業』二〇一一年
クルユ、ミカ（末延弘子訳）『オウルの奇跡―フィンランドＩＴクラスター地域の立役者達―』新評論社、二〇〇八年
ケニー、マーティン（加藤敏春監訳・解説、小林一紀訳）『シリコンバレーは死んだか』日本経済評論社、二〇〇二年
厚生研究会「造船工場読本」新紀元社、一九四三年
国土交通省海事局国内貨物課編『内航海運ハンドブック』（各年版）成山堂書店、
後藤晃・児玉俊洋編『日本のイノベーション―日本経済復活の基盤構築にむけて―』東京大学出版会、二〇〇六年

【さ行】

塩次喜代明『地域企業のグローバル経営戦略―日本・韓国・中国の経営比較―』九州大学出版会、一九九八年
新藤兼人『祭りの声―あるアメリカ移民の軌跡―』岩波書店、一九七七年

末松玄六『中小企業の合理的経営―失敗原因とその克服―』東洋書館、一九五二年
同『中小企業経営論』ダイヤモンド社、一九五六年
関満博・岡本博公編『挑戦する企業城下町―造船の岡山県玉野―』新評論、二〇〇一年
全日本造船機械労働組合編『未踏の挑戦―造船産業再編合理化の軌跡―』労働旬報社、一九八一年
総務庁行政監察局『中小企業対策に関する行政監察結果報告書―構造転換に関する施策を中心として―』一九九一年

【た行】

高杉良『小説会社再建』講談社、二〇〇八年
高柳暁『海運・造船業の技術と経営』日本経済評論社、一九九三年
ダガン、ウィリアム（杉本希子・津田夏樹訳）『戦略は直感に従う―イノベーションの偉人に学ぶ発想の法則―』東洋経済新報社、
竹内常善・阿部武司・沢井実編『近代日本における企業家の諸系譜』大阪大学出版会、一九九六年
田中祐二・小池洋一編『地域経済はよみがえるか―ラテン・アメリカの産業クラスターに学ぶ―』新評論、二〇一〇年
田辺良平『広島を元気にした男たち―明治・大正期の財界人群像―』渓水社、二〇〇七年
玉岡かおる『お家さん』（上・下）新潮社、二〇一〇年
（社）中国地方総合調査会「造船不況下における地域経済の変貌と対応―因島市と周辺島嶼部を対象に―」同調査会、一九七九年
チャンドラー、アルフレッド（安部悦生・川辺信雄・西牟田祐二・日高千景・山口一臣訳）『スケール・アンド・スコープ―経営力発展の国際比較―』有斐閣、一九九三年
（財）ちゅうごく産業創造センター『瀬戸内海地域における造船・船用工業の持続的発展のための方策調査報告書』二〇〇九年

中国新聞社編『芸南地方・瀬戸の島』中国新聞社、一九七八年
中国電力株式会社エネルギア総合研究所・(社)中国地方総合研究センター『広島県を中心とした産業発展の歴史』(社)中国地方総合研究センター、二〇一〇年
(社)通産統計協会編『戦後の工業統計表』大蔵省印刷局、一九八二年
鄭賢淑『日本の自営業層―階層的独自性の形成と変容―』東京大学出版会、二〇〇二年
寺谷武明『造船業の復興と発展』日本経済評論社、一九九三年
土井全二郎『陸軍潜水艦―潜航輸送艇の記録―』光人社、二〇一〇年
豊田俊雄編『わが国産業化と実業教育』東京大学出版会、一九八四年

【な行】

長山宗広『日本的スピンオフ・ベンチャー創出論―新しい産業集積と実践コミュニティを事例とする実証研究―』同友館、二〇一二年
日刊海事通信編『二〇一〇・海運・造船会社要覧』日刊海事通信、二〇一〇年
(社)日本海運集会所編『海運統計要覧(二〇一〇)』日本船主協会、二〇一〇年
(社)日本船用工業会『欧州の有力船用機器メーカーの経営戦略調査』二〇一〇年
(社)日本船主協会『日本海運の現状』二〇一一年

【は行】

バイグレーブ、ウィリアム、ザカラキス、アンゴリュー(高橋徳行・田代泰久・鈴木正明訳)『アントレプレナーシップ』日経BP社、二〇〇九年
間宏『経営社会学(新版)』有斐閣、一九八九年
原朗編『日本の戦時経済―計画と市場―』東京大学出版会、一九九五年
擯下武司・辛島昇編『地域史とは何か』山川出版社、一九九七年

平川均・多和田眞・奥村隆平・家森信善・徐正解編著『東アジアの新産業集積―地域発展と競争・共生―』学術出版会、二〇一〇年
広島県・広島市・呉市「広島呉地帯・金属機械工業実態調査報告書（第六巻）―自動車車体部分の下請生産機構―」広島県・広島市・呉市、一九六二年
弘中史子『中小企業の技術マネジメント―競争力を生み出すモノづくり―』中央経済社、二〇〇七年
古川栄一『経営学通論』同文館、一九七四年
法政大学産業情報センター・宇田川勝編『ケースブック・日本の企業家活動』有斐閣、一九九九年
黄完晟『日本都市中小工業史』臨川書店、一九九二年

【ま行】

宮本常一『農漁村採訪録Ⅳ―広島県下漁村・漁業調査ノート（二）―』周防大島文化交流センター、二〇〇六年
宮本又郎『企業家たちの挑戦』中央公論新社、一九九九年
望月圭介伝刊行会編『望月圭介伝』羽田書店、一九四五年
百瀬孝（伊藤隆監修）『事典・昭和戦前期の日本―制度と実態―』吉川弘文館、一九九〇年

【や行】

安喜博彦『産業経済論―寡占経済と産業展開―』新泉社、二〇〇七年
矢花冨佐勝『駆逐艦勤務―旧海軍の海上勤務と航海実務―』文芸社、二〇〇九年
山口増人『造船用語辞典』海文堂、一九六〇年
山田基成『モノづくり企業の技術経営―事業システムのイノベーション能力―』中央経済社、二〇一〇年
米川伸一・下川浩一・山崎広明編『戦後日本経営史・第一巻―戦前・戦後の日本の大企業・綿紡績・合成繊維・造船・鉄鋼―』東洋経済新報社、一九九一年

人名・事項索引

［あ行］

［か行］

［さ行］

［た行］

［な行］

［は行］

［ま行］

［や行］

［ら行］

［わ行］

【著者紹介】

寺岡　寛（てらおか・ひろし）

1951年神戸市生まれ

中京大学経営学部教授，経済学博士

〈主著〉

『アメリカの中小企業政策』（信山社，1990年），『アメリカ中小企業論』（信山社，1994年，増補版，1997年），『中小企業論』（共著）（八千代出版，1996年），『日本の中小企業政策』（有斐閣，1997年），『日本型中小企業』（信山社，1998年），『日本経済の歩みとかたち』（信山社，1999年），『中小企業政策の日本的構図』（有斐閣，2000年），『中小企業と政策構想』（信山社，2001年），『日本の政策構想』（信山社，2002年），『中小企業の社会学』（信山社，2002年），『スモールビジネスの経営学』（信山社，2003年），『中小企業政策論』（信山社，2003年），『企業と政策』（共著）（ミネルヴァ書房，2003年），『アメリカ経済論』（共著）（ミネルヴァ書房，2004年），『通史・日本経済学』（信山社，2004年），『中小企業の政策学』（信山社，2005年），『比較経済社会学』（信山社，2006年），『スモールビジネスの技術学』（信山社，2007年），『起業教育論』（信山社，2007年），『逆説の経営学』（税務経理協会，2007年），『資本と時間』（信山社，2007年），『経営学の逆説』（税務経理協会，2008年），『近代日本の自画像』（信山社，2009年），『学歴の経済社会学』（信山社，2009年），『指導者論』（税務経理協会，2010年），『アジアと日本』（信山社，2010年），『アレンタウン物語』（税務経理協会，2010年），『市場経済の多様化と経営学』（共著）（ミネルヴァ書房，2010年），『イノベーションの経済社会学』（税務経理協会，2011年），『巨大組織の寿命』（信山社，2011年），『タワーの時代』（信山社，2011年），『経営学講義』（税務経理協会，2012年）

Economic Development and Innovation: An Introduction to the History of Small and Medium-sized Enterprises and Public Policy for SME Development in Japan, JICA, 1998

Small and Medium-sized Enterprise Policy in Japan: Vision and Strategy for the Development of SMEs, JICA, 2004

瀬戸内造船業の攻防史

2012年（平成24年）8月20日　第1版第1刷発行

著　者　寺　岡　　　寛

発行者　今　井　　　貴
　　　　渡　辺　左　近

発行所　信山社出版株式会社

〒113-0033　東京都文京区本郷6-2-9-102

電　話　03（3818）1019

FAX　03（3818）0344

Printed in Japan

印刷・製本／松澤印刷・大三製本

ISBN978-4-7972-2599-0　C3333

● 寺岡　寛　主要著作 ●

『アメリカの中小企業政策』信山社，1990年
『アメリカ中小企業論』信山社，1994年，増補版，1997年
『中小企業論』（共著）八千代出版，1996年
『日本の中小企業政策』有斐閣，1997年
『日本型中小企業―試練と再定義の時代―』信山社，1998年
『日本経済の歩みとかたち―成熟と変革への構図―』信山社，1999年
『中小企業政策の日本的構図―日本の戦前・戦中・戦後―』有斐閣，2000年
『中小企業と政策構想―日本の政策論理をめぐって―』信山社，2001年
『日本の政策構想―制度選択の政治経済論―』信山社，2002年
『中小企業の社会学―もうひとつの日本社会論―』信山社，2002年
『スモールビジネスの経営学―もうひとつのマネジメント論―』信山社，2003年
『中小企業政策論―政策・対象・制度―』信山社，2003年
『企業と政策―理論と実践のパラダイム転換―』（共著）ミネルヴァ書房，2003年
『アメリカ経済論』（共著）ミネルヴァ書房，2004年
『通史・日本経済学―経済民俗学の試み―』信山社，2004年
『中小企業の政策学―豊かな中小企業像を求めて―』信山社，2005年
『比較経済社会学―フィンランドモデルと日本モデル―』信山社，2006年
『起業教育論―起業教育プログラムの実践―』信山社，2007年
『スモールビジネスの技術学―Engineering & Economics―』信山社，2007年
『逆説の経営学―成功・失敗・革新―』税務経理協会，2007年
『資本と時間―資本論を読みなおす―』信山社，2007年
『経営学の逆説―経営論とイデオロギー―』税務経理協会，2008年
『学歴の経済社会学―それでも，若者は出世をめざすべきか―』信山社，2009年
『近代日本の自画像―作家たちの社会認識―』信山社，2010年
『指導者論―リーダーの条件―』税務経理協会，2010年
『市場経済の多様化と経営学』（共著）ミネルヴァ書房，2010年
『アジアと日本―検証・近代化の分岐点―』信山社，2010年
『アレンタウン物語―地域と産業の興亡史―』税務経理協会，2010年
『イノベーションの経済社会学―ソーシャル・イノベーション論―』税務経理協会，2011年
Economic Development and Innovation: An Introduction to the History of Small and Medium-sized Enterprises and Public Policy for SME Development in Japan, JICA, 1998
Small and Medium-sized Enterprise Policy in Japan: Vision and Strategy for the Development of SMEs, JICA, 2004